세상을
바꾼
사물의
과학

2

세상을 바꾼

바꾼 사물의 과학

2

최원석 지음

광학 망원경에서 원자 현미경까지
권력과 예술에 빠진 순간들

궁리
KungRee

파베르를 위한 탱고

몇 년 전 〈고쳐듀오〉라는 과학예능 프로그램에 출연한 적이 있었다. 시골집을 찾아다니며 고장 난 물건을 수리해주는 프로그램이었다. 살다 보면 틀어져서 잘 열리지 않는 문이나 부서져 비가 새는 지붕 등 고쳐야 할 것들이 생기게 마련이다. 하지만 시골 어르신들은 세월의 흐름과 함께 그 상황에 적응해 그냥 불편함을 안고 살아갈 뿐 수리할 엄두를 내지 못한다. 이렇게 사람의 손이 필요한 수리할 것들이 생긴 곳을 찾아 맥가이버와 같은 호모 파베르(Homo Faber)들이 나타나 도움을 주자는 의도로 기획된 방송이었다.

방송을 촬영하기 위해 이 집 저 집을 방문하면서 재미난 사실을 하나 알게 되었다. 같은 집이 하나도 없다는 것. 물론 아파트와 달리 단독주택은 건축주나 건축가의 의도가 담겨 있다. 비슷한 시기에 같은 지역에 지었다고 하더라도 집은 조금씩 다른 모양과 형태를 띠게 된다. 심지어 아파트처럼 같은 모양으로 지어도 집주인이 입주하면서 인테리어를 새롭게 하면 저마다 다른 집이 된다. 그러니 같은 집이 없다는 것이 뭐가 그리 흥미롭냐고 할 수도 있다.

하지만 낡은 집을 수리하는 방송을 촬영하면서 느낀 점은 건축가나 집주인의 의도 외에도 다른 것에 의해 집의 모양이 변한다는 것이다. 사람이 집을 만들지만, 집이 사람을 바꾸고 다시 사람이 집을 바꾸게 된다는 점이다. 집은 단순히 사람이 거주하는 곳이 아니라, 집주인과 상호작용하는 공간이다. 집주인은 자신의 의도에 따라 집을 만들었지만 어느 순간 보면 집에 맞춰 생활한다. 빗물이 떨어지면 그 자리를 피해서 옆으로 지나다니고, 오른쪽 문이 잘 열리지 않으면 왼쪽 문으로 열고 다닌다. 더 많이 사용한 것은 닳아서 마모가 심하게 일어나고 또한 사용하지 않아서 방치된 것은 녹이 슬기도 한다. 무릎이 아픈 할머니는 화장실 가는 것이 힘들어 물을 잘 마시지 않는다. 하지만 스스로 일어서서 움직일 수 있도록 벽에 손잡이를 만들고 계단의 높이를 바꾸면 할머니는 정상적인 생활로 돌아올 수 있게 된다. 할머니의 거동을 편하게 하려는 목적으로 집을 새롭게 고쳤다고 할 수도 있지만 집의 형태를 바꾸면 사람의 행동에 영향을 미칠 수 있다는 것이다.

인간이 정착 생활을 시작한 후 오랜 세월 동안 사람들은 어떤 의도를 가지고 물건을 만들었다. 이것이 바로 디자인(design)이다. 디자인은 예술이나 공학에서 어떤 목적으로 가지고 무엇을 설계하는 행위를 일컫는다. 공학적 산물은 모두 어떤 의도를 지니고 탄생한다. 비행기나 컴퓨터와 같은 복잡한 기계뿐 아니라 망치와 같은 단순한 도구조차도 그것을 만들 때는 어떤 의도를 가지고 만든다. 한 번 만들었다고 계속 같은 모양이나 기능을 가진 것도 아니다. 목적에 부합하도록 기능을 개선하거나 목적이 바뀌어 다른 용도로 사용되기도 한다. 주변의 물건들은 오랫동안 변화를 거치며 오늘날과 같은 형태와 기능을 가지게 되었다.

우리 주변의 많은 물건들은 어떤 의도를 가지고 탄생했다는 것을 어렵지 않게 알 수 있다. 하지만 처음에는 그 물건이 여러분의 생각과 다른 의도에서 탄생했다는 점이 놀라울 것이다. 또한 새로운 물건이 탄생한 후에는 물건이 세상을 바꿔나가는 것도 볼 수 있다. 이미 자전거의 변천사, 자동차나 비행기의 발달사 등 과학기술의 역사는 많이 다루어져왔다.

하지만 난 이 책에서 단지 기계나 도구의 역사를 이야기하고자 하는 것이 아니다. 그런 종류의 책은 이미 많이 나와 있으니 굳이 또 한 권의 책을 보탤 이유가 없다. 이 책에서 이야기하고 싶은 것은 집과 집주인의 상호작용처럼 인간과 사물의 상호작용이라는 관점에서 과학과 기술, 사회의 변화를 바라보고자 했다. 과학-기술은 사회를 만들고, 사회는 새로운 과학-기술을 탄생시킨다. 이때 과학-기술-사회 사이에는 단선적인 관계로 이어지는 것이 아니라 복잡한 네트워크가 형성된다. 같은 과학이라도 사용하는 사람에 따라 다른 공학적 산물이 탄생하게 되고, 같은 공학적 산물도 서로 다른 과학기술에 의해 탄생할 수 있다. 하나의 과학기술은 다른 여러 가지 공학적 산물과 연계되기도 하고, 새로운 사회를 탄생시키기거나 변화를 이끌어내는 데 중요한 역할을 한다. 과학-

기술-사회는 다양한 연결고리를 가진다. 또한 처음 제작 목적과 다른 용도로 사용되기도 한다. 독자들이 이 책을 통해 색다른 각도에서 사물을 바라볼 수 있는 창의적인 안목을 가졌으면 한다. 물론 주변의 모든 사물을 담을 수는 없었다. 그중 우리 사회에 많은 영향을 준 것을 몇 개의 범주로 나누어 담았다.

새로운 기술은 새로운 세상을 창조한다. 사진은 단순히 사실화를 대체하는 새로운 예술 도구만이 아니다. 기자에게는 사회변혁을 이끈 결정적 순간을 잡아내 사람들에게 전달하는 매체였다. 또한 과학자에게는 눈으로 볼 수 없는 것을 찍어 새로운 과학적 발견을 이끄는 데 사용되었다. 어두워서 볼 수 없는 천체를 관찰할 수 있는 중요한 도구이다. 또한 X선 사진은 공학자들이 물질의 구조를 살피고, 의사들은 환자의 몸을 관찰하는 데 사용한다. 사진이 없었다면 DNA의 이중나선 모형은 발견하기 어려웠을 것이다. 사진이라는 기술은 단순히 새로운 예술의 등장이 아니라 사회 전반에 걸쳐 복잡한 네트워크를 형성하며 영향을 주고받았다.

새로운 기술은 세상을 혁명적으로 변화시킨다. 산업혁명이라는 명칭에서 알 수 있듯이 생산방식에 혁신을 가져오는 기술은 사회의 구조 자체를 변화시켰다. 봉건시대에는 존재하지 않던 수많은 도시와 노동자를 탄생시켰다. 하지만 첨단기술시대에 접어들었다고 모든 것이 끝난 것은 아니다. 아직도 혁명은 현재진행형이다. 전지는 각종 전자기기에 심장 역할을 하면서 기계들이 독립적으로 움직이는 모빌리티를 가능하도록 만들었다. 교통수단에도 혁명이 일어나고 있다. 마차와 경쟁했던 기차가 이제는 비행기와 경쟁하는 시대에 접어들었고, 하이브리드 교통수단도 속속 등장하고 있다. 도시의 모양과 크기를 결정했던 교통수단이 이제는 사회의 필요에 의해 다양한 형태로 변화하고 있다.

새로운 물질을 가진 자는 권력을 품을 수 있다. 청동기시대에서 철기시대를 거치면서 인류는 새로운 물질이 새로운 권력을 가질 수 있게 한다는 것을 깨달았다. 눈에 쉽게 띄지만 아무나 가질 수 없었던 금은 그 자체로 권력의 상징으로 등극했다. 지금도 자연을 지배하고, 바꾸는 데 금속은 필수적인 물질이다. 금속은 소리 없이 세상을 움직이기도 하지만 수많은 인간을 병들게 하거나 죽음으로 내몰았다. 오늘날에는 금속 무기뿐 아니라 석유와 희토류 같은 자원을 누가 쥐고 있는지에 따라 국제정세가 요동치기도 한다. 더욱 혼란스러운 것은 비물질 자원인 정보가 미래의 핵심 자원으로 주목받고 있다는 점이다. 미래의 권력은 정보를 가진 자로부터 나올 것이다.

새로운 물질과 기술은 아름다운 예술의 세계로 사람들을 안내한다. 빛을 품은 유리는 세상을 아름답게 볼 수 있도록 하거나 다채로운 빛으로 묘사했다. 또한 맨눈으로 볼 수 없었던 새로운 세상을 보여주었다. 유리를 통해 새로운 세상을 볼 수 있게 되자 사람들의 사고의 범위는 한층 확대되었다. 망원경을 통해 우주의 과거와 미래를 내다볼 수 있게 되었고, 현미경을 통해 세상이 어떻게 움직이는지 알 수 있게 되었다. 깨지기 쉽다는 통념을 깨고 다양한 기능을 가진 채 끊임없이 변화하는 유리처럼 과학기술도 사회와 함께 계속 변화하고 있다.

문명 속 인간 생활은 모든 것이 시간에 의해 좌우된다. 출근해서 퇴근할 때까지 모든 사람은 약속된 시간에 따라 쳇바퀴 돌듯 일정하게 움직인다. 그래서 때론 시간에 얽매이지 않는다는 것이 문명을 벗어던진다는 것과 같은 의미로 사용되기도 한다. 하지만 안타깝게도 직장을 그만두고 시골로 떠난다고 해서 문명을 벗어날 수는 없다. 모든 것을 벗어던지고 무인도로 가면 문명을 등질 수 있을 거라는 생각은 착각일 뿐이다. 인간은 누구도 시간에서 벗어날 수 없다. 독방에 갇힌 죄수나 무인도에 표류한 사람이 왜 줄을 그어 날짜를 세겠는가? 문명을 등지고 살 수 없듯이 시간을 벗어나 사는 것도 이젠 불가능하다. 시계가 우리를 이렇게 바꿔버렸기 때문이다.

챗GPT의 등장으로 인공지능에 대한 관심이 뜨겁다. 개발자들이 챗GPT를 어떤 의도를 가지고 만들었건 이제 챗GPT가 세상을 바꾸고 있다. 호모 파베르가 등장하는 순간 이 세상은 '도구의 도구에 의한 도구를 위한 세상'이 되어버렸다. 인간이 도구를 만들었지만 도구를 사용하는 순간, 인간은 '도구-인간'이라는 새로운 종류의 인간이 된다. 인간과 칼은 분명 별개이지만 칼을 쥐는 순간 인간은 의사가 되거나 요리사, 강도 등 그 이전과는 다른 인간이 된다. 무엇이 될지는 칼을 든 사람의 선택이다.

이제 선택의 순간이 왔다. 여러분은 도구와 함께 어떤 탱고를 추길 원하는가?

2023년 9월

최원석

차례

| 1부 | 권력을 품다

1부

권력을 품다

가장
완벽한 물질
메탈(1)

· 구리에서 우라늄까지 ·

금속, 비금속, 준금속, 주기율표, 금속결합, 고용체, 청동, 납, 우라늄

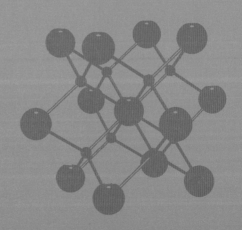

〈터미네이터〉시리즈는 금속 로봇이 인류를 말살하려고 하는 암울한 미래를 그린 영화다. 특히 〈터미네이터 2(Terminator 2: Judgment Day)〉에 등장하는 액체 금속 로봇 T-1000은 광고에서 "단언컨대 메탈은 가장 완벽한 물질입니다"라는 말을 왜 했는지 알 수 있을 만큼 뛰어난 성능을 지녀 관객에게 충격을 주었다. 하지만 인류는 금속을 다룰 수 있게 되면서 비로소 문명을 발달시킬 수 있었다. 오늘날에도 금속을 얼마나 자유롭게 다룰 수 있는지가 그 나라의 기술 수준을 보여준다고 해도 좋을 만큼, 인류는 금속에 많은 부분을 의존하고 있다.

캡틴의 방패와 토르의 망치

〈어벤져스(The Avengers)〉에는 헐크처럼 오로지 자신의 힘만으로 싸우는 영웅도 있지만, 캡틴 아메리카나 토르처럼 각자 자신에게 맞는 무기를 가진 영웅도 있다. 캡틴의 방패와 토르의 망치는 너무 원시적으로 보이

가장 완벽한 물질 메탈(1)

금속으로 만든 무기들

기도 하는데 총이나 탱크와 같은 현대적 무기조차 우습게 볼 만큼 위력
은 대단하다. 방패와 망치라는 단순한 무기가 이렇게 대단한 위력을 지
닐 수 있는 이유는 특수한 금속으로 만들어졌기 때문이다. 캡틴 아메리
카의 방패는 진동을 흡수하는 특수 금속인 비브라늄(Vibranium), 토르의
묠니르는 신들의 금속이라 불리는 우르(Uru)로 만들었다고 한다.

〈어벤져스〉처럼 영화 속 무기가 막강한 능력을 지니게 된 이유로 '지
구에 존재하지 않는 특수한 금속'이라는 설정을 하는 경우가 종종 있다.
하지만 이러한 이야기는 단지 영화 속 상상력이 아니라 역사적으로 보면
인류가 실제로 경험했던 것들이다. 돌도끼와 돌칼을 사용하던 석기인들
에게 금속으로 만든 무기는 분명 경험해보지 못한 신무기였을 것이다.

천연 구리에서 시작된 금속 문명은 양날의 검처럼 수많은 문화적 혜택

철조각

Fe

철 원자구조

과 함께 탐욕에 사로잡힌 이들을 유혹해 인류를 비극의 소용돌이로 몰아넣기도 했다. 금속으로 인해 인류 문명은 눈부실 정도로 발달했지만, 날이 갈수록 향상되는 금속제 무기의 성능으로 인해 전쟁의 공포 또한 커지고 있다. 금속 없이는 현대 전기 전자 문명을 논할 수 없으며, 각국은 더 많은 금속 자원을 확보하기 위해 전쟁과 다름없는 치열한 각축전을 벌이고 있다. 금속이 문명을 발달시키는 데 얼마나 중요한 역할을 했는지는 역사를 되짚어보면 알 수 있다.

인류의 역사는 흔히 석기시대, 청동기시대, 철기시대로 구분되는데, 시간상으로 보면 석기시대가 대부분을 차지한다. 250만 년에 이르는 구석기시대 동안 인류는 크게 내세울 것 없는 원시 상태를 벗어나지 못했고, 금속을 사용하기 시작한 지 1만 년 만에 첨단 문명을 이룩하게 된다. 물론 구석기인이 생불학적으로 신석기인과 다른 종이었다는 점도 무시할 수 없지만, 같은 호모 사피엔스에 속하는 마야 문명을 보면 금속(특히 철)이 얼마나 중요한지 쉽게 알 수 있다.

고도로 발달된 토목 · 건축 기술을 갖췄던 마야인은 뛰어난 석기 문명을 자랑했다. 그런데 그들의 훌륭한 석기 제조 능력과 천문학도 철제 무기로 무장한 서양인에게는 결코 상대가 되지 않았다. 이는 문명을 구성하는 다양한 도구나 기계는 재료와 분리해서 생각할 수 없다는 사실을 잘 보여준다. 즉 재료가 가진 물성(物性, 물질이 가지고 있는 성질)에 따라 공학 제품의 형태나 기능이 좌우되는데, 무기의 성능과 생산력 면에서 서양인이 마야인을 압도했던 것이다. 이처럼 재료 과학은 다른 분야와 밀접한 관계를 가지고 함께 연구·발전해나가는 학문으로, 인류 문명 발달에 있어서 금속 재료는 그 무엇보다 중요한 역할을 했다.

가장 완벽한 물질, 메탈의 정체

소금

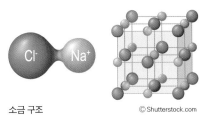

소금 구조

© Shutterstock.com

그러면 광고에서 그렇게 강조했던 가장 완벽한 물질인 '금속'의 정체는 무엇일까? 보통 금속이 무엇인지 묻는다면 철이나 구리, 알루미늄과 같은 금속 종류를 떠올리거나 금속결합을 한 물질이라고 대답할 것이다. 물론 옳은 이야기지만 우리가 사용하고 있는 금속의 종류나 양에 비한다면 참으로 빈약한 대답이 아닐 수 없다.

금속에 대한 지식이 얼마나 부속한지는 소금($NaCl$)만 봐도 쉽게 알 수 있다. 사람들은 소금을 광물로 분류하고, 소금이 금속으로 이루어져 있다고 하면 쉽게 납득하지 못한다. 마찬가지로 탄산수소나트륨($NaHCO_3$)의 주성분인 베이킹파우더 속에도 금속

현대의 주기율표

[상온에서의 상태]
- 검은색 원소 기호: 고체
- 빨간색 원소 기호: 기체
- 파란색 원소 기호: 액체

금속 원소
준금속 원소
비금속 원소
전이 원소
(그 외는 전형 원소)

원자번호 —— $_1$H —— 원소 기호
수소 —— 원소 이름

족 주기	1	2	3	4	5	6	7	8	9	10	11	12	13	14	15	16	17	18
1	$_1$H 수소																	$_2$He 헬륨
2	$_3$Li 리튬	$_4$Be 베릴륨											$_5$B 붕소	$_6$C 탄소	$_7$N 질소	$_8$O 산소	$_9$F 플루오린	$_{10}$Ne 네온
3	$_{11}$Na 나트륨	$_{12}$Mg 마그네슘											$_{13}$Al 알루미늄	$_{14}$Si 규소	$_{15}$P 인	$_{16}$S 황	$_{17}$Cl 염소	$_{18}$Ar 아르곤
4	$_{19}$K 칼륨	$_{20}$Ca 칼슘	$_{21}$Sc 스칸듐	$_{22}$Ti 타이타늄	$_{23}$V 바나듐	$_{24}$Cr 크로뮴	$_{25}$Mn 망가니즈	$_{26}$Fe 철	$_{27}$Co 코발트	$_{28}$Ni 니켈	$_{29}$Cu 구리	$_{30}$Zn 아연	$_{31}$Ga 갈륨	$_{32}$Ge 저마늄	$_{33}$As 비소	$_{34}$Se 셀레늄	$_{35}$Br 브로민	$_{36}$Kr 크립톤
5	$_{37}$Rb 루비듐	$_{38}$Sr 스트론튬	$_{39}$Y 이트륨	$_{40}$Zr 지르코늄	$_{41}$Nb 나이오븀	$_{42}$Mo 몰리브데넘	$_{43}$Tc 테크네튬	$_{44}$Ru 루테늄	$_{45}$Rh 로듐	$_{46}$Pd 팔라듐	$_{47}$Ag 은	$_{48}$Cd 카드뮴	$_{49}$In 인듐	$_{50}$Sn 주석	$_{51}$Sb 안티모니	$_{52}$Te 텔루륨	$_{53}$I 아이오딘	$_{54}$Xe 제논
6	$_{55}$Cs 세슘	$_{56}$Ba 바륨	$_{57}$La 란타넘 *	$_{72}$Hf 하프늄	$_{73}$Ta 탄탈럼	$_{74}$W 텅스텐	$_{75}$Re 레늄	$_{76}$Os 오스뮴	$_{77}$Ir 이리듐	$_{78}$Pt 백금	$_{79}$Au 금	$_{80}$Hg 수은	$_{81}$Tl 탈륨	$_{82}$Pb 납	$_{83}$Bi 비스무트	$_{84}$Po 폴로늄	$_{85}$At 아스타틴	$_{86}$Rn 라돈
7	$_{87}$Fr 프랑슘	$_{88}$Ra 라듐	$_{89}$Ac 악티늄 **	$_{104}$Rf 러더포듐	$_{105}$Db 더브늄	$_{106}$Sg 시보귬	$_{107}$Bh 보륨	$_{108}$Hs 하슘	$_{109}$Mt 마이트너륨	$_{110}$Ds 다름슈타튬	$_{110}$Rg 뢴트게늄							

* 란타넘족

$_{58}$Ce 세륨	$_{59}$Pr 프라세오디뮴	$_{60}$Nd 네오디뮴	$_{61}$Pm 프로메튬	$_{62}$Sm 사마륨	$_{63}$Eu 유로퓸	$_{64}$Gd 가돌리늄	$_{65}$Tb 터븀	$_{66}$Dy 디스프로슘	$_{67}$Ho 홀뮴	$_{68}$Er 어븀	$_{69}$Tm 툴륨	$_{70}$Yb 이터븀	$_{71}$Lu 루테튬

** 악티늄족

$_{90}$Th 토륨	$_{91}$Pa 프로트악티늄	$_{92}$U 우라늄	$_{93}$Np 넵튜늄	$_{94}$Pu 플루토늄	$_{95}$Am 아메리슘	$_{96}$Cm 퀴륨	$_{97}$Bk 버클륨	$_{98}$Cf 캘리포늄	$_{99}$Es 아인슈타이늄	$_{100}$Fm 페르뮴	$_{101}$Md 멘델레븀	$_{102}$No 노벨륨	$_{103}$Lr 로렌슘

6주기의 $_{58}$Ce~$_{71}$Lu와
7주기의 $_{90}$Th~$_{103}$Lr은
가로행이 너무 길어지는 것을
방지하기 위해 아래쪽에 따로
나타내어 각각 란타넘족,
악티늄족이라고 한다.

원소가 가득 들어 있다고 하면 놀랄지도 모른다. 이것은 '금속 = 철'이라고 할 만큼 철이 다양한 분야에 많이 활용되어 생긴 고정관념이다. 소금을 융해시켜 전기분해하면 알칼리 금속에 속하는 나트륨(Na)이 생성된다. 이런 사실을 알게 되면 금속에 대한 고정관념이 조금은 바뀔 것이다.

이제 금속의 정체를 파악하기 위해 원소 주기율표를 살펴보자. 주기율표상에 배치된 118개의 원소는 크게 금속과 비금속으로 구분된다. 주기율표에서 보면 탄소를 기준으로 대각선 오른쪽에 위치한 것이 비금속 원소이며, 규소와 저마늄 같은 몇몇 원소는 금속과 비금속의 성질을 모두 지닌 준금속에 속한다. 그리고 나머지 주기율표의 대부분을 차지하는 것들이 바로 금속 원소인데, 심지어 준금속 원소조차 때로는 금속 원소에 포함되곤 한다.

금속이라고 하면 철이나 구리, 알루미늄과 같은 몇 가지 원소들만 떠올리게 되는 이유는 이 원소들의 쓰임새가 많기 때문이다. 게다가 철과 알루미늄은 지각에 매우 풍부하게 포함되어 있다. 비금속 진영에서는 탄소와 산소라고 하는 생명체에게 절대적인 영향력을 행사하는 두 원소가 있어서 화합물의 종류가 많을 뿐, 원소의 종류로 따지면 금속 원소가 압도적으로 많다.

금속이란 '열이나 전기를 잘 전도하고, 펴지고 늘어나는 성질이 풍부하며, 특수한 광택을 가진 물질'을 이르는 말로, 금속결합을 이룬다는 특징이 있다. 금속결합을 이루는 금속 원소(도체)는 원자가 띠*와 전도띠* 사이의 금지띠(띠틈)* 부분이 없거나 매우 작다. 따라서 원자 주

● 원자가 띠 원자가 전자(원자의 가장 바깥쪽 궤도를 돌고 있는 전자)가 차지하는 에너지띠.

● 전도띠 에너지띠 가운데 전자가 비어 있거나, 전자가 아랫부분에만 차 있는 에너지띠.

● 금지띠 어떤 전자도 있을 수 없는 에너지의 범위.

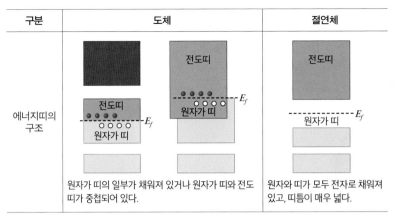

구분	도체	절연체
에너지띠의 구조	원자가 띠의 일부가 채워져 있거나 원자가 띠와 전도 띠가 중첩되어 있다.	원자와 띠가 모두 전자로 채워져 있고, 띠틈이 매우 넓다.

도체와 절연체의 에너지띠 구조

변의 전자들이 자유롭게 움직일 수 있어 전도성이 생기게 된다. 반대로 절연체의 경우에는 금지띠의 에너지 간격이 커서 전자가 이동할 수 없으므로 전기가 흐르지 않는다. 그리고 금속은 전기 음성도가 작아서 전자를 잃어버리고 양이온이 되려는 경향이 강하다.

금속은 순수한 형태로 사용되기보다는 대부분 합금의 형태로 사용된다. 이처럼 순수한 금속 결정 속에 다른 물질이 섞여 있어 격자●가 일그러진 경우를 고용체(固溶體)라고 한다. 고용체는 마치 용액처럼 '고체 속에 다른 고체 입자가 녹아서 고르게 섞인 고체 혼합물'이라는 뜻이다. 이때 격자가 일그러지면 규칙적인 배열보다 격자의 이동이 어려워져서 금속의 강도가 증가한다. 그래서 서로 다른 금속이 섞인 합금은 금속의 기계적 특성이 향상되는 특징을 보인다.

● 격자 결정을 이루고 있는 금속 원자를 하나의 점으로 취급해 배열된 모양을 나타낸 것.

가장 완벽한 물질 메탈(1)

전쟁의 서막

● 펜던트 가운데에 보석으로 된 장식을 달아 가슴에 늘어뜨리게 만든 목걸이.

● 금석 병용기 석기 시대와 청동기 시대 사이로, 구리로 무기나 장신구 따위의 기구를 만들어 쓰던 시대를 말한다.

인류가 최초로 사용한 금속은 무엇일까? 이라크의 샤니다르 동굴에서 기원전 1만 년 전에 만들어진 구리 펜던트(pendant)●가 발견된 것으로 볼 때, 인류가 최초로 사용한 금속은 구리였을 것이다. 그런데 이 시기는 역사적으로 보면 신석기시대로 구분된다. 석기시대에 금속을 사용했다는 것이 언뜻 납득이 되지 않겠지만, 이 시대는 엄밀하게 말하면 석기와 금속을 병행해 사용하던 '금석 병용기'●였다.

금석 병용기는 간석기와 천연 구리(Cu)를 사용하던 시기라는 뜻에서 '동기 시대'라고도 한다. 금속을 사용하고 있었지만 이 시기를 신석기시대로 구분하는 이유는 아직 광석에서 구리를 추출할 수 있는 기술이 없어 자연동(천연적으로 홑원소 물질의 상태로 나는 구리)을 두들겨 간단한 장식품이나 화살촉 정도를 만들었기 때문이

미라 외치가 가지고 있던 구리 도끼.

다. 그렇지만 1991년 알프스에서 발견된 5,300여 년 전의 미라 외치가 가지고 있던 구리 도끼에서 볼 수 있듯이, 신석기인들은 동기 시대를 거치는 동안 기술을 꾸준히 발전시켜 청동기 직전이 되자 훌륭한 구리 무기를 만들 수 있게 되었다.

구리(copper)라는 이름은 고대 키프로스(Cyprus)에서 구리가 많이 산출되어 '키프로스의 금속(cyprium)'이라는 의미에서 붙여진 이름이다. 처음에 사람들은 자연에 존재하는 홑원소 물질●인 붉은색 자연동을 채집하고 가공하여 활용했다. 마찬가지로 금이나 은도 자연에서 발견되기는 하지만, 구리는 금은에

● 홑원소 물질 단일한 원소로 되어 있으면서 고유한 화학적 성질을 가진 물질.

비해 비교적 큰 덩어리로 흔하게 발견되어 가장 먼저 사용될 수 있었다.

기원전 3000년경, 수메르인들은 구리에 주석(Sn)을 혼합해 청동을 만들었다. 청동은 인류가 최초로 합성한 합금으로, 구리에 비해 강도가 뛰어나 무기나 농기구로 만들기에 전혀 손색이 없었다. 구리와 주석, 청동이 등장하면서 인류 사회에는 큰 변화가 생겼다. 구리와 주석을 구하기 위해 무역이 활발해졌고, 야금 기술이 발달하면서 계급 사회가 성장했다. 이를 바탕으로 우수한 청동제 무기를 소유한 민족이 다른 민족을 침략하는 대규모 전쟁도 일어났다. 고대 그리스 시인 호메로스(Homeros)의 『일리아드(Iliad)』는 바로 청동기 시대의 전쟁을 묘사한 대서사시다.

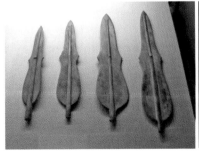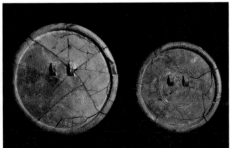

비파형 동검과 잔무늬 거울

가장 완벽한 물질 메탈(1)

청동은 무기뿐 아니라 금속 공예품으로도 탄생되었고, 금속 화폐인 동전으로도 만들어져 무역과 경제가 활성화되는 데 큰 역할을 했다. 왕들은 자신의 얼굴을 새긴 동전으로 권위를 세웠으며, 병사들에게 동전으로 된 급료를 지불하여 군대를 통제할 수 있었다. 한편 한반도에서도 청동을 사용한 흔적을 찾아볼 수 있어서, 1971년 전남 화순 대곡리에서는 우리나라 청동기시대의 생활상을 알려주는 중요한 유물인 비파형 동검과 잔무늬 거울이 발견되었다.

청동을 사용하기 위해서는 광석을 채취해 제련해야 하는데, 여기에는 상당히 많은 노력이 필요하다. 따라서 청동검은 권력자만이 가질 수 있었으며, 잔무늬 거울은 주술적인 목적으로 사용되었다. 이러한 유물이 한 장소에서 발견되었다는 것은 제정일치의 사회를 보여주는 증거가 된다.

이처럼 금속의 출현으로 인류 역사는 큰 변화를 겪었다. 먼저 야금 기술은 권력을 강화하는 데 중요한 수단이 되었다. 구리나 주석, 아연 등의 금속을 채굴하기 위해 광산을 개발하고 도구를 만드는 데는 많은 인력과 기술이 필요했기 때문이다. 구리 이외에도 금과 은, 철로 만든 금속 화폐가 등장하면서 물물교환보다 효율적인 상거래가 가능해져, 대규모 무역과 국가에서 관장하는 화폐 경제가 등장하였다. 이렇듯 금속은 단순히 무기나 농기구로 제작되는 데에 그치지 않고 국가 경제와 계급 사회를 발달시켰다. 이를 바탕으로 강성해진 국력을 이용해 정복 전쟁이라는 비극의 역사가 시작되었으니 한편으로는 안타까운 일이다.

달콤한 파멸의 금속

우수한 금속 무기를 바탕으로 인류 역사상 가장 강대한 제국을 건설했던 로마는 아이러니하게도 금속에 의해 멸망했다. 외적으로 보면 '칼로 흥한 자 칼로 망한다'는 말처럼 게르만족의 침입으로 파멸한 듯이 보인다. 하지만 그 내부로 들어가 보면 또 다른 원인이 있었을 가능성이 크다. 바로 납(Pb)이다.

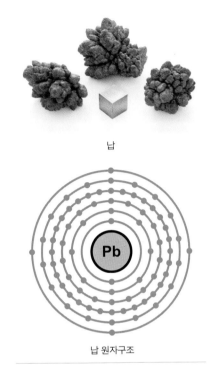

납

납 원자구조

효율적으로 조직된 로마의 군단은 주변 민족을 손쉽게 정복하고 식민지를 건설했다. 식민지로부터 들어오는 막대한 전리품으로 인해 로마는 거대한 도시로 성장해갔고, 이를 유지하기 위해 토목 기술이 발전했다. 거대한 도시를 유지하기 위해서는 도로와 함께 상하수도 시설이 필수였다. 그 당시 로마인들은 납으로 배수관을 만들어 사용했다. 납은 매우 무른 금속으로 쉽게 모양을 바꾸거나 구멍 난 곳을 메울 수 있어서 배수관으로는 이상적이었다. 그렇다고 로마인들이 납을 얻기 위해 큰 노력을 기울인 것은 아니다. 납은 은과 함께 발견되는 경우가 많아서, 은을 얻고 나면 부산물로 많은 양의 납이 남고는 했다.

로마인들은 식기나 화장품을 만들 때도, 심지어 포도주를 담글 때도

가장 완벽한 물질 메탈(1)

토머스 미즐리

납을 이용했다. 이들은 안쪽에 납을 입힌 단지에 포도즙을 넣어 끓인 뒤 이를 포도주에 첨가했는데, 이렇게 만든 포도주는 달달했다고 한다. 납 중독이라고 할 만큼 납을 사랑한 로마인들은 정말로 납에 중독되고 말았다. 납에 중독되면 신경장애나 무기력증, 복통 등의 증세가 나타나는데, 이러한 간접적인 원인도 로마 멸망에 일조했다는 것이다.

● 노킹 현상 내연기관의 실린더 안에서 연료가 비정상적으로 연소되면서 생기는 폭발 현상. 금속을 망치로 두드리는 듯한 소리가 난다.

납이 인체에 치명적인 영향을 미친 사건은 또 있었다. 1921년, 미국 화학자 토머스 미즐리(Thomas Midgley Jr.)는 노킹 현상●을 억제하기 위해 휘발유에 테트라에틸납($(CH_3CH_2)_4Pb$)을 넣었다. 테트라에틸납을 넣은 유연 휘발유는 노킹 현상을 억제하는 데 효과적이었고, 자동차의 보급과 함께 엄청나게 소비되었다. 하지만 납이 첨가된 유연 휘발유의 위험성을 밝혀낸 클레어 패터슨(Clair C. Patterson, 미국 지구화학자·환경운동가)의 노력으로, 1986년부터 미국 전역에서는 유연 휘발유 사용이 전면 금지되었다. 실제로 유연 휘발유 생산 공장에서 일했던 많은 근로자가 비틀거리며 걷거나 기억력을 상실하는 등 이상 증세를 보였으며, 심지어 사망한 경우도 있었다고 한다. 따라서 지금은 대부분의 국가에서 무연 휘발유를 사용하고 있다.

이 같은 중독 현상 외에도 납은 탄환으로 만들어져 수많은 이를 죽음으로 몰고 갔다. 아마도 납이 인간에게 준 가장 큰 피해는 '중독'이 아니라 '납 탄환에 의한 죽음'이 아닐까 싶다. 납은 녹는점이 낮고 물러서 구

왼쪽부터 클라프로트, 베크렐, 오토 한, 프리츠 슈트라스만

형으로 만들기 쉽고, 비중이 커서 탄환의 재료로 안성맞춤이었다. 물론 납이 항상 인류에게 피해만 입힌 악마의 금속은 아니다. 인쇄 혁명을 일으킨 구텐베르크(Johannes Gutenberg)의 금속 활자는 납과 주석, 안티모니 합금으로 이루어져 있다. 또한 납은 자동차 배터리인 납축전지와 아름다운 크리스털 글라스를 만드는 데도 사용된다.

오늘날에는 납 중독의 위험성이 알려져 납의 사용이 엄격히 제한되고 있다. 그런데 이러한 납 중독의 심각성도 엄청난 파괴력을 지닌 우라늄(U)의 위험성에 비하면 아무것도 아니다. 1789년 독일 화학자 클라프로트(Martin H. Klaproth)는 피치블렌드라는 광석에서 발견한 새로운 금속 원소에 천왕성(Uranus)의 이름을 붙여 우라늄이라 명명했다. 그 뒤 1896년 프랑스 물리학자 베크렐(Antoine H, Becquerel)이 우라늄에 방사성이 존재한다는 사실을 밝혀냈고, 1938년에는 독일 과학자 오토 한(Otto Hahn)과 프리츠 슈트라스만(Fritz Strassmann)이 핵분열 현상을 발견했다.

핵분열은 핵폭탄의 개발로 이어질 수 있는 획기적인 발견으로, 이로써 독일은 연합국보다 먼저 핵폭탄을 만들 수 있는 기회를 얻게 된다.

● 맨해튼 계획 제2차 세계
대전 중에 이루어진 미국의
원자폭탄 제조 계획. 1939
년 8월 2일 루스벨트 대통령
이 아인슈타인으로부터 권
유를 받은 것이 계기가 되
어 미국은 독일보다 앞서 원
자폭탄 제조 계획을 세웠다.
맨해튼 계획은 1942년에 시
작하여 1945년에 완성되었
으며, 그 결과 일본의 히로
시마와 나가사키에 원자폭
탄이 투하되었다.

다행히 미국의 맨해튼 계획●이 먼저 성공해 미국은 첫
번째 핵보유국이 되었고, 전쟁은 연합국의 승리로 끝을
맺었다. 하지만 그 결과로 탄생한 핵폭탄은 인류에게 항
상 파멸을 우려하며 살아갈 수밖에 없는 운명의 굴레를
씌워놓고 말았다.

✚ 금속의 반응성

수천 년 전의 왕관은 지금도 예전의 모습을 유지하지만 수십 년도 안 된 철제 대문은 녹이 슬어 금방이라도 부서질 것 같다. 이러한 차이는 금속의 반응성이 다르기 때문이다. 즉 금은 반응성이 낮고, 철은 반응성이 커서 녹이 잘 슨다. 금속 원소는 전자를 잃고 양이온이 되려는 경향을 지니는데, 이를 이온화 경향이라고 한다. 이온화 경향이 클수록 전자를 주고 산화가 잘 되므로 녹이 잘 슨다. 이온화 경향은 '칼륨(K)-칼슘(Ca)-나트륨(Na)-마그네슘(Mg)-알루미늄(Al)-아연(Zn)-철(Fe)-니켈(Ni)-주석(Sn)-납(Pb)-수소(H)-구리(Cu)-수은(Hg)-은(Ag)-백금(Pt)-금(Au)' 순으로, 칼륨이 가장 크며 금이 가장 작다. 그래서 금은 거의 녹슬지 않지만 칼륨은 물속에 들어가면 격렬하게 반응한다.

✚ 금속의 부식과 음극화 보호

금속은 공기 중의 산소나 물, 이산화탄소나 질소 등과 반응하여 변질되거나 부식되기 쉽다. 하지만 금이나 은 같은 일부 금속은 부식이 잘 일어나지 않고 아름다운 외관을 자랑한다. 금이나 은으로 도금한 금속은 아름다울 뿐 아니라 부식을 방지하는 기능까지 가졌다. 부식을 방지하는 다른 방법으로는 음극화 보호가 있다. 주유소 지하의 철제 기름 탱크는 지하의 수분으로 인해 산화될 가능성이 있다. 이를 방지하기 위해 탱크에는 마그네슘이 연결되어 있다. 마그네슘이 철보다 이온화 경향이 커서 전자를 내놓고 먼저 산화된다. 이때 발생한 전자가 탱크로 이동하여 산화를 막는다. 물론 부식을 막는 가장 일반적인 방법은 페인트나 기름을 칠하여 공기 중의 산소와 수분을 차단하는 것이다.

더 읽어봅시다

김동환의 『금속의 세계사』
재레드 다이아몬드의 『총, 균, 쇠』

가장
완벽한 물질
메탈(2)

· 강철에서 희토류까지 ·

강철, 알루미늄, 촉매, 백금, 리튬, 네오디뮴, 희토류 금속

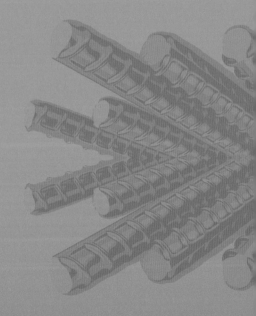

기성세대에게는 오랫동안 풀리지 않는 궁금증이 하나 있다. 어린 시절 우상이었던 태권V와 마징가Z가 싸우면 누가 이길까 하는 것이다. 최근에는 영웅에 대한 저작권만 가지고 있으면 어떤 대결이든 성사시킬 수 있지만 이 둘은 그럴 수 없을 것 같다. 어쨌건 거대 로봇은 SF의 단골 메뉴였고, 앞으로도 그럴 것이다. 거대 로봇은 아직까지 등장하지 않았지만 현실에서는 이보다 훨씬 큰 초대형 선박과 건축물이 등장했다. 그리고 거대함에 대한 인간의 욕망을 충족시키는 데는 강철과 같은 금속 재료가 있었다.

진격의 강철

18세기 중엽에 시작된 산업혁명은 철강 산업의 발달을 가져왔고, 철강 산업은 다시 산업혁명을 촉진시키는 피드백이 이루어져 세상의 모습은 급격히 변해갔다. 용광로에서 쉴 새 없이 생산된 철은 공장의 기계와 철도를 건설하는 데 사용되었고 그 규모는 날로 거대해졌다. 특히 증기기

1869년 미국 대륙철도 연결 기념식

관차와 철도는 육상에서 수송 혁명을 일으키며 엄청난 속도로 영국과 유럽을 거쳐 세계 각국으로 뻗어갔다.

　19세기 중반이 되자 남북전쟁의 포화 속에서도 링컨은 미국이 하나의 통일된 국가로 나아가기 위한 대륙횡단철도 건설을 승인한다. 무려 2,826킬로미터의 길이에 달하는 대륙횡단철도를 맨손이나 다름없는 기초적인 토목기술로 건설한다는 것은 불가능에 가까웠다. 하지만 대륙횡단철도는 착공 7년 만인 1869년 완공되었고, 미국은 동부와 서부를 관통해 물자와 인력을 효과적으로 수송할 수 있게 되었다. 그리고 철도를 따라 도시들이 우후죽순처럼 생겨났고, 작은 마을은 순식간에 도시로 성장했다. 하지만 이러한 성장이 거저 얻어진 것은 아니었다. 철도를 건설하는 동안 수천 명에 달하는 중국인 노동자와 아일랜드 이민자, 범죄자들이 목숨을 잃었고 인디언과의 분쟁으로 인해 수많은 희생자가 발생했다.

철도 건설은 기술적으로도 새로운 시도였다. 무거운 기차가 강이나 계곡을 통과할 수 있도록 다리를 건설해야 했다. 이를 해결하기 위해 철교를 건설했는데, 처음에는 안전에 문제가 많았다. 돌이나 나무와 달리 새로운 건축 재료인 철에 대한 공학적 연구가 부족했고, 철교가 종종 무너지는 사고가 발생했다. 심지어 죽음의 사신이 철교 끝에서 기다리고 있는 풍자만화가 등장할 정도였다. 모파상이 에펠탑 건설을 반대하고 마크 트웨인이 나이아가라의 철도 현수교를 비난했던 것도 결코 무리가 아니었다.

하지만 20세기가 채 되기도 전에 존 로블링(John Augustus Roebling)은 브루클린교 건설을 통해 철이 건축재로 얼마나 훌륭한지를 잘 보여주었다. 브루클린교는 트웨인이 비난했던 나이아가라 현수교를 만들었던 로블링과 그의 가족이 만들었다. 로블링은 다리 건설 중에 당한 부상으

존 로블링과 브루클린교

가장 완벽한 물질 메탈(2)

로 사망했고, 그의 아들 워싱턴도 공사 중에 잠수병에 걸렸다. 하지만 잠수병도 다리 건설에 대한 워싱턴의 의지를 꺾지 못했다. 그는 공사현장으로 나갈 수 없게 되자 집에서 망원경을 보며 아내 에밀리를 통해 공사 지시를 내렸다.

뉴욕의 명물인 브루클린교는 한 집안의 14년에 걸친 불굴의 의지로 1883년에 완공되었다. 새로운 시도였던 강철 케이블은 불가능을 가능케 만들었고, 브루클린교는 인류의 위대한 공학적 승리로 남았다. 또한 파나마운하, 후버댐, 엠파이어스테이트빌딩 등도 철이 있었기에 등장할 수 있었던 위대한 공학적 산물이다.

욕망의 금속

국내 한 CF 속에 등장하는 강철 빔 위에서 점심을 먹는 노동자의 사진은 미국 사진가 루이스 하인(Lewis Hine)*의 작품이다. 엠파이어스테이트빌딩 건설 현장을 찍은 것인데, 안전장치도 없이 강철 빔 위에 앉아 점심을 먹는 장면이 놀랍기 그지없다. 사진 못지않게 놀라운 점은 이 강철 노동자들이 381미터에 달하는 엠파이어스테이트빌딩을 단지 2년 만에 완공했다는 것이다. 이 빌딩은 20년에 걸쳐 완성된 이집트 쿠푸왕의 피라미드보다 거의 세 배나 높다. 이렇게 단기간에 완성할 수 있었던 것은 강철 덕분이다.

산업혁명 이후 강철은 인간의 욕망을 실현하는 데 가

● 루이스 하인 사진가이자 사회학자였는데, 그의 사진을 보면 엠파이어스테이트빌딩에서 일하는 노동자의 경이로운 모습도 담겨 있지만 산업혁명으로 인해 공장에서 착취당하는 어린이의 사진도 있다. 영화 〈설국열차〉에서 기관실을 작동시키기 위해 어린이를 착취했듯이 브루넬이 그레이트이스턴호를 만들 때도 좁은 철판 틈 속에서 아이들의 값싼 노동력을 사용했다. 때론 한 장의 사진이 더 많은 메시지를 전달하기도 한다.

〈마천루 위에서의 점심(1932, 뉴욕 헤럴드 트리뷴)〉. 촬영 작가에 대한 논란이 있는데, 현재는 찰스 C. 에버츠라는 설이 유력하다.

장 널리 활용되는 물질이었다. 물론 고대 히타이트 왕국에 의해 철제 무기가 등장하면서 철이 인간 생활을 변화시킬 중요한 요소가 될 것은 이미 예견되었다. 1818년 영국에서는 쇠로 만든 배는 물에 뜰 수 없다는 통념을 깨고 최초의 철선인 발칸호(Vulcan)를 건조했고, 1837년에는 브루넬이 그레이트이스턴호를 진수한다. 당시 대부분의 목선은 길이가 45미터 정도였는데 그레이트이스턴호는 무려 213미터에 이르는 거함이었다. 이후 영국은 1906년 드레드노트호를 건조하여 거함거포주의 시대를 열었다.

제국주의자들의 욕망을 담은 거대 전함은 제2차 세계대전에 활약한 일본의 야마토를 기점으로 급격히 쇠퇴했다. 사상 최대의 전함이었던 야마토가 1945년 텐고 작전에서 전투기와 항공모함을 이용한 미국의

가장 완벽한 물질 메탈(2)

1900년 체펠린이 만든 세계 최초의 경식 비행선 LZ 1(루퍼트십 펠린 1)

기동항모전술에 맥없이 격침되고 말았기 때문이다. 거함의 침몰은 제국
주의의 몰락을 상징적으로 보여주는 사건이었다.

제국의 침몰을 보여주는 또 다른 상징적 사건에는 알루미늄(Al)이 연
관되어 있었다. 비중이 커서 육중한 느낌을 주는 철과 달리 상대적으
로 가벼운 금속인 알루미늄은 하늘을 날고자 하는 인간의 욕망을 실현
시켜주었다. 독일 퇴역 장군인 체펠린(Ferdinand Adolf August Heinrich von
Zeppelin)은 알루미늄 합금(두랄루민) 뼈대를 가진 거대한 비행선을 만들
었다. 독일 정부는 금속으로 된 물체는 비행할 수 없다면서 체펠린의 비
행선 제작 계획을 받아들이지 않았다. 결국 체펠린은 자비로 거대한 비
행선을 제작했고, 독일은 이 '하늘의 거인'에 열광했다. 영화 〈월드 오브
투모로우〉에서 볼 수 있는 것처럼 비행선은 거대함으로 상대를 압도했
다. 독일은 나치를 선전하는 하나의 거대한 광고판으로 이를 활용하다

가 힌덴부르크호 참사로 비행선의 시대는 막을 내린다. 하지만 사고에
도 비행에 대한 이카루스의 꿈은 좌절되지 않았고, 두랄루민은 비행기
를 제조하는 데 사용되었다.

희소해서 소중한 금속

알루미늄은 지각에서 가장 풍부한 금속으로 철보다
많이 포함되어 있다. 하지만 철과 달리 알루미늄은
광석에서 분리하기가 힘들어 19세기에는 매우 값이
비쌌다. 그래서 나폴레옹 3세는 귀한 손님에게는 알
루미늄 식기, 보통 손님에게는 은 식기로 대접했다.

알루미늄

알루미늄 원자구조

   알루미늄이 포함된 대표적인 광물이 보크사이트
(Bauxite)이다. 알루미늄은 보크사이트에서 분리한
알루미나(Al_2O_3)를 빙정석과 함께 용융시킨 후 전기
분해하는 복잡한 과정을 거쳐 생산한다. 이 방법은
1886년 미국의 홀(Charles Martin Hall)과 프랑스의 에
루(Paul Héroult)가 각각 알아내 홀-에루 공정이라 부
른다.

   전기분해 때문에 알루미늄 생산비용의 40%를 전기에너지가 차지한
다. 그래서 대부분의 알루미늄 제련 공장은 아이슬란드의 지열발전과
브라질의 수력발전처럼 저렴한 전기 공급이 가능한 곳에 많다. 알루미
늄에는 많은 에너지가 필요하지만 재활용하는 데는 단지 생산 비용의

보크사이트

5% 정도를 전기에너지가 차지할 뿐이다. 알루미늄 생산 자체는 환경에 부담을 많이 주지만 밀도가 낮은 가벼운 금속이라는 측면 때문에 초고속 열차나 차량의 차체 등 연료를 절약하는 친환경 소재로 사용되기도 한다.

생산된 금속의 95% 이상을 차지하는 철과 알루미늄이 세상을 변화시키는 동안 나머지 금속의 역할은 눈에 띄지 않았다. 하지만 사용량이나 매장량에 있어서는 철과 알루미늄에 견줄 바가 못 되지만 현대 산업에 있어 없어서는 안 될 귀중한 금속들도 있다. 이러한 물질을 희소 금속이라고 하는데, 황금과 견줄 만큼 비싼 몸값을 지닌 금속도 많다. 단지 매장량이 적어 귀한 금속일 뿐 아니라 현대 산업에 있어 중요한 소재로 사용되기 때문에 전략적 가치가 매우 높아 귀금속(貴金屬)으로 대우 받아 마땅한 물질들이다.

원자번호 78(따라서 전자를 78개 가지고 있다)의 백금(Pt)은 금과 마찬가지로 반응성이 낮아 잘 녹슬지 않아 장신구로 많이 사용되는 친숙한 (?) 금속이다. 하지만 백금은 지각 1톤에 겨우 0.001g밖에 없으며, 생산량도 금의 10% 정도밖에 되지 않는다. 그래서 사실 귀금속 가게에서 판매하는 백금(White Gold)은 백금(플래티넘, platinum)이 아니며, 금과 니켈, 아연 등의 합금이다. 이렇게 귀한 금속이기에 플래티넘은 은이나 금보다 높은 등급의 의미로 사용된다.

백금의 중요한 용도는 촉매와 전극이다. 백금의 촉매 작용은 이미 19

세기에도 알려져 있었으며 반응성이 낮아 자신은 반응하지 않고 다른 분자를 잘 끌어당겨 분해하기 때문에 촉매로 안성맞춤이다. 이러한 성질을 이용해 차량의 머플러 속에 배출가스 정화 장치의 촉매, 연료 전지 자동차의 전극으로 사용된다. 백금이라고 부르기 때문에 금과 같은 종류의 금속이라고 오해하는 경우가 있지만 그렇지는 않다. 백금족에는 루테늄(Ru), 로듐(Rh), 팔라듐(Pd), 오스뮴(Os), 이리듐(Ir)이 있으며 이들은 화학적 성질이 비슷해 같이 사용되는 경우도 있으며, 가격도 매우 비싸다.

백금

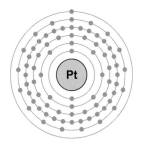

백금 원자구조

백금만큼 귀한 백색황금이 또 있다. 바로 리튬(Li)이다. 리튬은 배터리를 만드는 데 필수적인 금속이다. 리튬이 없다면 스마트폰 같은 포터블 기기와 전기 자동차가 제 성능을 내기는 어렵다. 리튬은 단위 부피당 에너지를 가장 많이 가지고 있고, 수명이 길어 배터리 재료로 이만큼 좋은 재료를 찾기 어렵다.(참고: 전지)

리튬

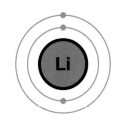

리튬 원자구조

자원전쟁의 서막

2010년 9월 중일 영토분쟁 지역인 센카쿠 열도에서 중국 어선과 일본 순시선이 충돌했다. 이 사건은 양국의 팽팽한 대치로 이어졌지만 어찌

가장 완벽한 물질 메탈(2)

정련 과정을 거친 희토류들. 맨 위 가운데부터 시계 방향으로 프라세오디뮴, 세륨, 란타늄, 네오디뮴, 사마륨, 가돌리늄.

된 일인지 일본은 17일 만에 중국에 굴복하고 선장을 풀어준다. 여론이 들끓고, 정부에 대한 비판의 목소리가 높아질 것을 뻔히 알면서도 일본은 어쩔 수가 없었던 것이다.

일본이 자존심까지 버려가며 백기투항한 것은 중국이 희토류 수출 중단 카드를 꺼내들었기 때문이다. 당시 중국은 세계 희토류 생산의 97%를 차지하고 있었고(지금도 세계 생산량의 70%이상을 중국이 차지), 이를 이용해 전자부품을 생산하던 일본은 당황할 수밖에 없었다. 일본이 중국에 힘없이 굴복한 이 사건은 자원전쟁이 단지 상징적 표현이 아니라 실재로 벌어지고 있는 국가의 흥망이 걸린 중요한 문제라는 것을 보여준다.

지각 속에는 산소(O)가 가장 풍부하고, 규소(Si)와 알루미늄, 철, 칼슘(Ca), 마그네슘(Mg), 나트륨(Na), 칼륨(K) 순으로 포함되어 있다. 이 외의 금속은 전체를 합해도 1%도 채 안 되기 때문에 이를 희소 금속이라고 부른다. 희소 금속 중 3족 원소인 스칸듐(Sc)과 이트륨(Y)과 란타넘(La)을 포함한 란탄족 계열의 15가지 금속을 희토류 금속(rare earth elements)이라고 한다.

전통적으로 화학자들은 마그네슘이나 칼슘과 같이 흙에서 쉽게 발견되는 원소를 토금속(土金屬)이라고 불렀다. 따라서 희토류라는 말을 자세히 풀어보면 '흙에서 발견되는 희소한 금속 원소'라는 뜻이다. 희토류 원소가 다른 금속 원소에 비하면 매장량이 작지만 그렇다고 그렇게 드문 것은 아니다. 단지 경제성이 있어 채굴 가능한 광산이 드물고, 원석에서 이들 원소를 분류해내는 것이 어려워 값이 매우 비쌀 뿐이다.

2020년 4월 느닷없이 포털 사이트에 '희토류'가 검색어 상위에 랭크 되는 일이 생겼다. 드라마 〈더 킹: 영원의 군주〉 속의 드라마에서 대한제 국(드라마에서 현실과 평행세계인 대한민국)에 희토류가 생산되었고 세계 4위의 경제 대국이 된다는 설정 때문이다. 드라마 속 대한제국은 남북 한이 통일된 세상으로 북부(북한)에서 엄청난 양의 희토류를 생산한다 고 한다. 실제로 북한에는 많은 양의 희토류가 매장된 것으로 추정한다.

한때 우리나라에서도 희토류 광맥이 발견되었다고 들뜬 적이 있었지 만 경제성이 없어 지금은 시들해졌다. 희토류 광석에는 방사성 물질인 토륨이 함유되어 있고, 정제 과정에서 대량의 산성 물질이 사용된다. 이 로 인해 광산 주변 마을 사람들은 백혈병이나 암과 기형아 출산 등으로 많은 고통을 받는다. 일본이 환경의식이 약한 말레이시아에서 희토류 광산을 개발한 것이나 미국이 희토류 매장지를 가지고 있음에도 중국에 의존하는 것은 바로 이러한 문제 때문이다.

희토류는 매장지도 드물지만 사용량도 매우 적다. 하지만 소량의 비 타민이 몸의 생리작용을 조절하듯 소량의 희토류가 전기전자 제품의 성 능을 좌우한다. 그래서 희토류는 '첨단 산업의 비타민'이라고도 한다.

희토류 원소 중 자주 접할 수 있는 이름이 네오디뮴(Nd)이다. 보통 네 오디뮴 자석으로 많이 사용되는데 지금까지 나온 영구자석 중 가장 강 력한 자기력을 가지고 있다. 스마트폰의 마이크와 스피커를 비롯해 하 드디스크, 하이브리드 차량의 모터에 이르기까지 강력한 자석이 필요한 경우에 많이 쓰인다. 최근에는 아이들의 소형 완구나 블록에도 쓰이고 있다. 네오디뮴 외에도 강한 자석을 만드는 데는 사마륨(Sm), 디스프로슘(Dy) 같은 희토류 금속이 쓰인다. 이외에도 희토류 원소들은 디스플레이나 LED 같은 조명기구에 사용된다. 즉 미래의 친환경 산업과 전략적 방위산업에 없어서는 안 될 물질이 희토류 금속인 것이다.

1992년 중국의 덩샤오핑은 "중동에 석유가 있다면 중국은 희토류가 있다"라는 말을 했고 희토류 광산 개발에 적극적으로 나섰다. 그 결과 중국은 한때 전 세계 희토류 생산량의 98%를 차지할 만큼 독점적 지위를 확보해 무기화하고 있다. 2010년 중국에 호되게 당한 일본은 희토류 대체 물질과 도시 광산 개발, 새로운 희토류 광산 탐사를 통해 21세기 자원전쟁에 대비하고 있다. 우리나라는 일본에서 전자부품을 구매해 쓴다고 먼 산 불구경하듯 느긋할 때가 결코 아니다.

✚ 강철의 탄생

철광석을 코크스, 석회석과 함께 용광로에 넣고 가열하면 선철(Pig Iron)을 얻을
수 있다. 선철은 95%의 철과 3~4%의 탄소 그리고 불순물이 1~2% 포함되어 있
다. 선철을 그대로 가열하여 거푸집에 넣고 형태를 만든 것이 주철(Cast Iron)이
다. 강철(Steel)을 얻기 위해서는 선철의 탄소 함량을 1.7% 이하로 낮춰야 한다.
다른 불순물을 제거하고 철과 탄소로 된 것을 탄소강이라 하고, 다른 특성을 가
지게 하려고 크롬, 니켈, 텅스텐 등을 첨가한 것을 특수강이라고 한다.

✚ 금속자원의 생성

지각에는 다양한 금속원소가 포함되어 있지만 경제적으로 채굴 가능한 형태인
광상(鑛床)을 이루고 있어야 유용한 자원이 된다. 광상은 금속이 모여 있는 곳이
다. 그 생성 원인에 따라 마그마에 의한 화성 광상, 풍화침식 후 퇴적된 퇴적 광
상, 지각변동으로 생긴 변성 광상으로 구분할 수 있다. 화성 광상은 마그마가 식
는 과정에서 침전하여 생기거나 열수 용액이 분출되어 생긴다. 지금도 해저에서
는 검은 열수에서 생긴 열수 광상으로 금이나 은 같은 유용 광물자원의 침전이
일어나고 있다. 하지만 아무리 유용한 광상이 존재해도 결국 탐사를 통해 찾아야
자원으로 활용할 수 있다.

더 읽어봅시다

데보라 캐더버리의 『강철혁명』
김동환의 『희토류 자원전쟁』

유혹하는
검은 황금
석유(1)

· 석유에서 메테인하이드레이트까지 ·

석유, 배사 구조, 셰일, 탄화수소 혼합물, 분별 증류, 메테인하이드레이트

산업혁명을 이끌었던 석탄의 뒤를 이어 문명이 급속도로 발달할 수 있게 해준 것이 '검은 황금'으로 불리는 석유다. 본격적인 석유 채굴이 시작되고 200년도 되지 않았지만 인류는 이미 그 달콤함에 중독되어버렸다. 석유가 다른 물질이 가지지 못한 다양한 장점이 있기 때문이다. 하지만 석유는 환경문제를 일으킬 뿐 아니라 결국 고갈될 수밖에 없다는 아킬레스건을 지니고 있다.

탐욕을 부른 검은 황금

1973년 중동전쟁이 발발하자 OPEC(석유수출국기구)회의는 석유를 무기화해 자신들의 서방국가에 자신들의 목소리를 내기 시작했다. 자신들의 요구조건을 들어주지 않으면 석유 가격을 올리겠다는 것. 이후 1978년에 OPEC는 또다시 가격 인상을 일방적으로 통보했고, 두 번의 석유 파동으로 인해 세계 경제는 요동쳤다. 세계 경제는 OPEC 손에서 헤어

석유시추선

그리스의 불

나올 수 없었을 것 같았지만 2014년 시작된 유가 폭락으로 인해 이번엔 베네수엘라와 같은 산유국이 국가부도로 내몰리고 있는 등 석유로 인한 경제 혼란은 끝날 기미가 보이지 않는다.

과거에는 폭등으로 오일쇼크를 겪었지만 이제는 폭락으로 인한 역오일쇼크를 걱정해야 하는 아이러니한 상황에 놓인 것이다. 그만큼 석유는 경제, 정치, 환경 등 사회의 모든 문제와 진득하니 뒤얽혀 있다.

인류가 석유와 연을 맺은 것은 기원전으로 거슬러 올라간다. 고대 메소포타미아 지방에서는 역청(천연 아스팔트)을 건물과 배의 방수재로 활용하거나, 도로를 건설하는 데 이용했다. 그리스에서는 석유의 가연성을 이용해, 고대의 네이팜탄이라고 할 수 있는 '그리스의 불(Greek fire)' 같은 무기를 만들었고, 어둠을 밝히기 위한 조명도 만들었다. 또 고대 중국에서는 '돌에서 나는 기름'이라는 뜻으로 '석유(石油)'라 불렀고, 바닷물을 끓여 소금을 얻기 위한 연료나 조명으로 사용했다.

에드윈 드레이크

● 목제 배럴 액체나 과일 등의 부피를 잴 때 쓰는 단위로, 원래는 가운데에 배가 나온 통을 말한다. 1배럴의 양은 무엇을 재느냐에 따라 조금씩 다르다. 석유의 경우 1배럴은 42갤런(약 159L)이다.

이렇게 고대부터 조금씩 사용되던 석유는 1850년대부터 본격적으로 활용되기 시작했다. 당시 등불의 연료로는 고래기름이 가장 인기가 좋았다. 하지만 소비가 늘면서 가격이 폭등하자 대규모 포경 선단이 조직되어 고래를 마구 포획하기에 이르렀다. 멸종 위기에 놓인 고래를 구한 것이 바로 석유였다. 1854년 미국에서 석유로부터 등유(燈油)를 얻을 수 있는 방법이 발명되었고 고래기름값은 폭락했다. 그렇게 고래는 멸종 위기를 벗어날 수 있었다.

1959년 미국 텍사스에서는 에드윈 드레이크 (Edwin L. Drake, 1819~1880)가 세계 최초로 지하에 구멍을 뚫어 석유를 얻었고 근대 석유 공업의 시작을 알렸다. 그는 자신이 채취한 석유를 위스키 통인 목제 배럴 (barrel)●에 담아 팔았는데, 오늘날 석유의 거래 단위인 배럴이 여기서 나왔다. 드레이크는 1배럴당 20달러라는 엄청난 값으로 석유를 팔았다. 그러자 사람들은 제2의 골드러시를 꿈꾸며 이 '검은 황금'을 찾아 나섰다. 하지만 드레이크는 석유 재벌로 여유 있는 삶을 살지 못했다. 사업 운이 없었던 탓도 있지만 석유값이 폭락과 폭등을 거듭해 예측이 힘들었기 때문이다.

이런 불안정한 석유 시스템 전체를 장악해 가격 통제력을 갖춘 인물이 정유 회사 스탠더드오일(Standard Oil)을 창설한 '미국의 석유왕' 존 D.

록펠러(John D. Rockefeller, 1839~1937)이다. 록펠러는 공격적인 인수합병을 통해 사업을 키워나갔고, 통제를 따르지 않는 기업은 무자비하게 퇴출시켰다. 이를 통해 록펠러는 세계 최

(왼쪽)존 D. 록펠러, (오른쪽)헨리 포드

초의 억만장자가 되었다. 말년에는 록펠러 재단을 설립하는 등 엄청난 재산을 기부하고 자선 사업에 헌신하면서 존경받는 인물로 변신했다.

● **내연기관** 실린더 속에 연료를 넣고, 연소 폭발시켜서 생긴 가스의 팽창력으로 피스톤을 움직이게 하는 원동기를 통틀어 이르는 말이다.

　한편 조명용 등유 공급에 집중되었던 석유 산업이 거대하게 성장할 수 있었던 것은 내연기관●의 출현 때문이다. 그 중심에 있던 인물이 '자동차의 왕' 헨리 포드(Henry Ford, 1863~1947)이다. 자동차 회사 포드(Ford)를 세운 그는 T 모델 자동차를 대량 생산함으로써 공간의 구속에서 개인을 해방시켰다.

석유의 생성과 치킨 게임

거대 공룡으로 성장해 미국에서 생산하는 석유 중 90~95%의 정유를 처리하던 스탠더드오일은, 결국 1911년 미국 대법원으로부터 셔먼법●을 어겼다는 판결을 받고 34개 회사로 분할됐다. 하지만 이 판결로도 석유 기업들의 담합과 독

● **셔먼법** 존 셔먼 상원의원이 제창해 1890년 제정된 미국 최초의 독점 금지법(반독점법).

● 7자매 세계의 석유 산업
을 지배해온 거대한 7대 석유
회사를 가리키는 말. '걸프오
일, 세브론, 엑슨, 모빌, 텍사
코, 브리티시페트롤륨, 로열
더치셸'이 여기에 속한다.

● 걸프전쟁 이라크의 쿠웨
이트 침략이 계기가 되어,
1991년 1월 17일부터 2월
28일까지, 미국 · 영국 · 프
랑스 등 34개 다국적군이 이
라크를 상대로 이라크 · 쿠
웨이트에서 벌인 전쟁이다.

● 치킨게임 어느 한쪽이 양
보하지 않을 경우 양쪽이 모
두 파국으로 치닫게 되는 극
단적인 게임.

점을 막을 수는 없었다. 이후 세계 석유 시장은 7자매 (Seven Sisters)●로 불리는 주요 석유 회사들에 의해 좌지우지되었고, 최근에는 사우디아라비아의 아람코를 비롯한 신흥 석유 회사들이 그 역할을 맡고 있다.

석유는 거대 석유 회사 사이의 총성 없는 전쟁뿐 아니라 걸프전쟁●처럼 국가 사이의 참혹한 전쟁까지 유발한다. 2016년 미국과 사우디아라비아 사이에 벌어진 치킨게임●으로 인해 유가 폭락 사태까지 벌어졌다. 미국이 셰일 에너지 생산을 늘리자 사우디아라비아가 원유 가격을 낮추었고, 두 나라 사이의 감산 합의 실패로 유가가 하루 만에 30% 가까이 폭락하는 사태가 벌어진 것이다. 2020년에는 러시아와 사우디아라비아 사이에도 비슷한 일이 벌어졌다. 두 나라 사이의 감산 합의 실패로 유가가 하루 만에 30% 가까이 폭락하는 사태가 벌어진 것이다. 이런 유가 폭락 사태가 겉으로는 나라 사이의 힘겨루기 양상으로 비춰지고 있지만 그 복잡한 속내를 알기란 쉽지 않다.

일단 이 문제를 이해하기 위해서는 석유의 탄생과 관련된 지질학적 이해가 필요하다. 석유의 생성 기원이 명확히 밝혀지지는 않았지만 가장 유력한 이론은 과거의 미생물들이 죽은 후 생성되었다는 유기 기원설이다. 유기 기원설은 사암이나 석회암, 셰일과 같은 퇴적암에서 석유가 발견되는 이유를 잘 설명해준다. 또한 이 이론에 따르면 원유에 포함된 황이 생물의 단백질이 분해될 때 발생한 것이라는 설명도 가능하다.

현재 과학자들은 석유가 생성되기 위해서는 생물의 사체가 분해되지

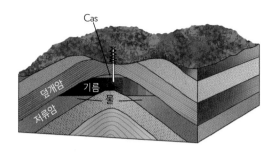

배사 트랩의 구조

않도록 산소와 차단된 뒤 적당한 온도에서 장시간 숙성되어야 한다고 본다. 달리 말하면 석유는 '지구의 지층이라는 찜통에서 만든 숙성된 찜요리'인 셈이다. 물론 숙성 시간은 수백만 년 이상 소요되며, 그동안 온도는 적절히 잘 유지되어야 한다. 온도가 높으면 천연가스가 되고, 더 높아지면 탄소 덩어리인 흑연이 되어버리기 때문이다. 하지만 이러한 조건을 만족하여 석유가 생성되었다고 끝이 아니다.

요리를 먹기 위해서는 그릇에 잘 차려 담아야 하듯이, 석유 역시 트랩(trap, 석유 · 천연가스가 모여 있는 지질 구조)에 잘 모여 있어야 채굴이 가능하다. '근원암'에서 생성된 석유는 위로 올라오려는 성질을 가지고 있어서, 점차 위쪽으로 이동하게 된다. 이때 석유는 위로 이동하다가 빈틈이 많은 암석에 갇히는데, 이 암석을 '저류암'이라 한다. 이처럼 저류암에 모여 있는 석유를 빠져나가지 않도록 꾹 눌러주는 뚜껑 역할을 하는 암석이 '덮개암'이다. 치밀한 구조의 덮개암이 없다면 석유와 가스는 흩어져버리고 말 것이다.

지금까지 살펴본 것처럼, 트랩은 석유의 부존 조건을 모두 갖추고 있다. 이러한 트랩은 지질 형태가 배사 구조인 경우에 더욱 잘 형성된다. 배사 구조는 지층이 횡압력을 받아 마치 낙타 등처럼 위로 휜 지질 구조를 말한다. 그래서 석유를 탐사할 때는 무엇보다 배사 구조를 먼저 찾는다.

유혹하는 검은 황금 석유(1)

트랩에 있는 석유라고 해서 호수에 물이 고이듯이 함께 모여 있지는 않다. 석유는 저류암 입자들 사이의 빈틈에 끼어 있다. 덮개암을 뚫고 저류암에 파이프를 꽂으면 압력에 의해 석유가 뿜어져 나오는 것이다. 암석 입자의 빈틈에 석유가 들어 있기 때문에, 저류암은 공극률(암석 입자 사이 빈 공간의 비율)이 클수록 더 많은 석유를 품을 수 있다. 또한 저류암의 유체 투과율(암석 입자 사이에 유체가 이동하는 정도)이 높을수록 쉽게 뽑아 올릴 수 있어 경제성이 뛰어난 유전으로 평가받는다. 반대로 아무리 석유가 풍부히 매장되어 있어도, 공극률이 작고 역청처럼 진득하게 들러붙어 있으면 유체 투과율이 낮아서 채산성이 맞지 않아 채굴할 수가 없다.

고갈되지 않는 마법의 석유?

석유는 채굴 기술에 따라 전통 자원과 비전통 자원으로 구분하기도 한다. 비전통 자원은 현재 채굴되는 원유와 달리 셰일오일이나 메테인하이드레이트처럼 '새로운 채굴 기술을 필요로 하는 자원'을 가리킨다.

한때 '셰일 혁명'이라고 불리며 석유 가격 안정에 크게 기여했던 셰일오일은 셰일층에서 뽑아낸 석유이다. 지표면 부근으로 이동하지 못하고 셰일층 안에 갇혀 있는 원유가 셰일오일이다. 셰일(shale)은 조개 모양을 뜻하는 독일어 'schale'에서 유래한 이름으로, 점토 성분이 압력을 받아 형성되어 일정한 방향으로 쪼개지는 성질인 박리가 있는 것이 특징이다. 그러니 얇게 쪼개진다는 의미에서 엽암(頁岩, 頁은 '머리 혈', '책면 엽'의 두 가지 의미를 지닌다)이라 불러야 하지만, 이것을 '혈암'으로 잘못 부르는 바람에 셰일 오일을 포함한 암석을 유혈암(油頁岩, oil shale)이라 부르게 되었다. 간혹 '혈'을 '穴(구멍 혈)' 자로 알고 구멍이 많은 다공질 암석으로 착각하는 경우도 있으

유혈암

니, 유혈암 대신 '오일셰일'이라는 말을 사용하는 것이 좋겠다.

여하튼 오일셰일에 가장 많은 석유가 포함되어 있고, 이곳에서 가장 많은 석유가 생성되지만 전통적인 방법으로는 채굴이 어려웠다. 이런 상황에서 수평 시추 기술과 수압 파쇄 기술을 이용해 오일셰일의 원유를 채취해 '셰일 혁명'을 일으킨 나라가 미국이다.

이 기술들은 낮은 유체 투과율을 높이기 위하여, 높은 수압을 이용해 지층을 파쇄한 뒤 혼합 용액을 집어넣어 채취하는 방법이다. 이를 두고 셰일 혁명이라고까지 부르는 이유는 전 세계적으로 볼 때 저류암의 원유보다 셰일오일의 매장량이 훨씬 많기 때문이다. 셰일오일은 일반 원유에 비해 채취하는 데 비용이 많이 들고, 화학 용액을 암석에 넣어야 하기 때문에 환경오염을 일으키는 등의 문제가 있지만, 엄청난 매장량 때문에 미국은 이를 개발하기 위해 노력해왔다. 결국 미국이 셰일가스와 셰일오일을 생산해 수출하면서, 세계 시장에서 수요보다 공급이 많아졌고 유가가 떨어진 것이다.

석유 하면 항상 따라다니는 말이 '고갈'이라는 단어일 것이다. 이미 40년 전에도 40년 후에 석유가 고갈될 것이라는 전망이 있었고, 지금도

유혹하는 검은 황금 석유(1)

● 허버트 곡선 1956년 미국의 물리학자이자 지질학자인 킹 허버트가 1965년에서 1970년 사이의 미국 석유 생산량을 추정하기 위해 그린 그래프. 그는 미국 48개 주의 석유 생산이 1970년경에 절정에 이를 것이라는 점을 정확히 예측했다.

연도만 바뀌었을 뿐 여전히 대략 40년 후에는 고갈될 것이라고 한다.

미국의 석유 생산량을 추정하기 위해 1956년 킹 허버트가 만든 허버트 곡선●을 전 세계 상황에 대입하면, 석유는 곧 석유 생산 정점(peak oil)을 지나 고갈될 것으로 전망된다. 하지만 지금 석유는 고갈되기는커녕 오히려 매장량이 더 증가하는 놀라운 상황을 보이고 있다.

석유가 언젠가는 고갈될 것이라는 데에 이의를 제기하는 사람은 없다. 그러나 언제 석유가 고갈될지는 아무도 모른다. 어느 누구도 지구 내부에 묻혀 있는 석유의 정확한 매장량을 알지 못할 뿐 아니라, 심지어 기존에 있는 유정에 대한 정보도 OPEC(석유수출국기구) 같은 석유 회사들이 비밀로 하여 가격 조절에 활용하기 때문이다. 그래서 석유 고갈에 대한 전문가들의 예측은 번번이 빗나가고 있다.

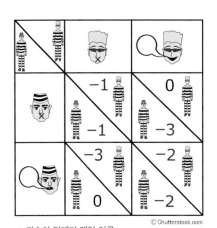

● 죄수의 딜레마 게임 이론의 유명한 사례로, 두 용의자가 협력하면 서로 유리한 결과를 얻을 수 있는데도, 각자의 이기적인 의사 결정 때문에 유리한 결과를 얻지 못하는 상황을 뜻한다.

그렇다고 과거처럼 OPEC이 유가를 마음대로 조절할 수 있는 것도 아니다. 이제는 셰일오일처럼 비전통 자원이 등장하는 바람에 유가 조절이 녹록치 않다. 또한 산유국 사이에 작용하는 죄수의 딜레마●도 가격 조절을 어렵게 만든다. 즉 감산에 돌입하여 유가가 상승하면, 그 열매는 고스란히 감산에 참여하지 않은 국가로 돌아간다. 이처럼 서로를 신뢰하지 못하는 상황에서 유가를 잡기 위해 감산하기란 쉽지 않다.

현대 사회의 검은 피

현대 사회에서는 산유국들이 아무리 횡포에 가까운 '갑질'을 부려도, 비산유국들은 힘없이 끌려다닐 수밖에 없다. 또 석유는 온실 효과를 비롯해 태안반도 기름 유출 사고 같은 환경 재앙을 불러일으키는 원망스러운 물질이기도 하다. 하지만 석유를 공급받지 못하면 현대 사회는 피가 멈춰 버리듯 그대로 아사 직전으로 내몰린다. 그래서 비산유국들은 안정적인 석유 수급을 위해 끊임없이 탐사를 벌인다.

우리나라도 석유 탐사를 위해 지속적으로 노력한 결과 1998년 울산 앞바다에서 가스전을 발견하여 2004년부터 가스를 생산하며 95번째 산유국이 되었다. 동해-1,2 가스전은 2021년 말에 생산이 종료되었으나 그 뒤로도 우리는 더 많은 석유를 찾기 위해 여전히 곳곳을 시추하고 있다. 그렇다면 석유는 과연 어떤 물질이기에 이렇게 세계가 중독되었을까?

석유는 다양한 탄화수소 화합물과 유황, 질소, 산소, 니켈 같은 중금속 등 500여 가지 화합물로 이루어진 혼합물이다. 이 가운데서도 석유는 거의 90%가 탄화수소로 이루어져 있어 활용 가능성이 크다.

탄소와 수소로 이루어진 화합물인 탄화수소는 분자 사이의 인력이 약해서 끓는점과 녹는점이 낮다. 특히 산소와 반응하여 이산화탄소와 물이 생성될 때 많은 열이 발생하므로 연료로 적합하다. 그래서 석유를 정

유혹하는 검은 황금 석유(1)

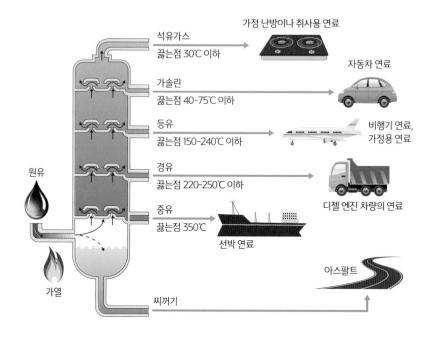

가정 난방이나 취사용 연료

석유가스
끓는점 30℃ 이하

가솔린
끓는점 40~75℃ 이하

자동차 연료

등유
끓는점 150~240℃ 이하

비행기 연료,
가정용 연료

경유
끓는점 220~250℃ 이하

디젤 엔진 차량의 연료

원유

중유
끓는점 350℃

선박 연료

가열

아스팔트

찌꺼기

원유에서 얻어지는 물질들의 이용
원유를 분별 증류하면 끓는점이 낮은 석유가스부터 가솔린, 경유 등이 차례대로 분리되어 나온다.

● **분별 증류** 두 가지 이상의 휘발 성분을 함유하는 혼합물을 물질마다 다른 끓는점을 이용하여 각 성분 물질로 분리하는 방법. 여러 종류의 액체 혼합물을 가열해 끓는점이 낮은 것에서부터 점차 높은 것을 유출(溜出)하여 분리한다.

제해 난방용과 운송용으로 주로 활용하는 것이다. 또한 탄화수소는 다양한 물질을 만들어낼 수 있다는 장점도 있다.

　다양한 탄화수소 혼합물인 원유는 그 상태로는 효용 가치가 적다. 원유는 정제 과정을 통해 각 성분 물질을 분별 증류®하여 분리해야 쓰임새가 많아진다. 성분별로 분별 증류할 때는 탄화수소 분자가 탄소 원자 수에 따라 끓는점이 달라지는 것을 이용한다. 탄소 수가 4개 이하인 경우에는 끓는점이 낮아 기체 상태로 존재하고, 그 이상인 경우에는 실온에서 액체나 고체 상태로 존재한다.

　원유를 정제할 때는 350℃로 가열해 기화되는 성분은 증류탑으로 보내 혼합물을 분리하고, 기화되지 않는 성분은 감압 증류를 통해 분리한다. 증류탑에서는 끓는점이 낮은 석유가스가 가장 먼저 분리되고, 가솔린, 나프타(납사), 등유, 경유, 중유, 찌꺼기(아스팔트)의 순서로 분리되어 나온다.

　원유는 끓는점에 따라 분류된 뒤에도 용도에 따라 다양한 물리적 · 화학적 처리를 거쳐야 된다. 분별 증류를 통해 분리된 이 물질들도 여전히 여러 가지 탄화수소 화합물로 이루어진 혼합물이기 때문이다.

　예를 들어 석유가스의 경우에는 프로판(C_3H_8), 부탄(C_4H_{10}), 가솔린의 경우에는 옥탄(C_8H_{18}), 헥산(C_6H_{14}), 벤젠(C_6H_6) 등 다양한 성분으로 구성되어 있다. 부피가 큰 석유가스에 사용하기 편리하도록 압력을 가해 액화시킨 것이 액화석유가스(LPG, Liquefied Petroleum Gas)다.

　천연가스는 탄소가 하나밖에 없는 메테인(CH_4)이 주성분으로, 끓는점이 영하 161.5℃로 낮아서 채취할 때 이미 기체 상태로 존재한다. 이를 액화시킬 방법이 개발될 때까지는 끓는점이 낮아 운반해서 쓰기가 어려웠다. 천연가스를 끓는점 이하로 온도를 낮춰 액화시킨 것을 액화천연가스(LNG, Liquefied Natural Gas)이다. LNG는 석탄이나 석유에 비해 연소했을 때 이산화탄소가 적게 발생하는 청정 원료지만, 냉각 단열 장치가 필요해 차량용으로는 잘 사용되지 않고 파이프를 통해 도시가스로 주로 공급된다.

　메테인하이드레이트도 천연가스와 마찬가지로 메테인이 주성분이다. 저온 고압의 조건에서 메테인이 물 분자 사이에 포획되어 같이 얼어버린 것인데, 전 세계 바다에 250조m^3가 매장된 것으로 추정한다. 메테인 하이드레이트를 안전하고 경제적으로 채굴할 방법이 등장하면 인류는 또다시 화석연료 혁명을 맞이할 것이다.

하지만 여기서 잊지 말아야 할 것은 아무리 새로운 화석연료를 찾아낸다 해도 결국은 고갈될 것이라는 점이다. 그러니 유가 폭락이라는 달콤함에 취해 신재생 에너지 개발을 포기하는 우를 범해서는 안 될 것이다.

✚ 탄화수소 화합물

석유가 쓸모 있는 것은 우리 주변에서 가장 손쉽게 구할 수 있는 다양한 탄화수소(炭化水素, hydrocarbon) 화합물로 된 물질이기 때문이다. 탄화수소는 탄소(C)와 수소(H)로 이루어진 유기 화합물이다. 4개의 원자가 전자를 가진 탄소는 다른 원자와 결합하여 다양한 화합물을 생성할 수 있다. 탄소-탄소 사이에 단일결합이나 이중결합, 삼중결합 등이 생길 수 있는 구조적 다양성을 지닌다. 이때 탄소-탄소 사이의 결합이 단일결합만으로 이뤄져 있을 때를 포화 탄화수소라고 하며, 이중결합이나 삼중결합으로 된 탄화수소를 불포화 탄화수소라고 한다. 탄화수소와 마찬가지로 지방도 탄소-탄소 사이가 모두 단일결합이면 포화지방, 이중결합이나 삼중결합이 있으면 불포화지방으로 분류한다.

✚ 용접과 홍시

삼중결합한 탄화수소 중 가장 간단한 물질은 에틴(C_2H_2)이다. 공업적으로 에틴은 석유의 열분해를 통해 만든다. 흔히 아세틸렌이라고 불린다. 아세틸렌은 삼중결합이라서 연소하면 많은 열에너지를 발생시킨다. 그래서 등불이나 용접용으로 많이 사용되었다. 과거에는 칼슘 카바이드라고 불리는 탄화칼슘(CaC_2)에 물을 넣으면 아세틸렌이 발생하는 방법으로 많이 얻었다. 홍시와 같이 과일을 숙성시킬 때 칼슘 카바이드를 이용했다. 감 상자에 물과 함께 넣어두면 아세틸렌이 발생해 이동하는 동안 홍시가 된다. 하지만 칼슘 카바이드가 물과 반응하고 남은 수산화칼슘($Ca(OH)_2$)이 몸에 해롭다고 알려지면서 문제가 되었다. 액체 에틸렌을 사용하면 문제가 없지만, 아직도 일부에서는 몸에 해로운 칼슘 카바이드를 사용하는 경우가 있어 홍시를 씻어 먹는 것이 좋다.

더 읽어봅시다

레오나르도 마우게리의 『당신이 몰랐으면 하는 석유의 진실』
제임스 랙서의 『왜 석유가 문제일까?』

유혹하는 검은 황금 석유(1)

유혹하는
검은 황금
석유(2)

· 범용 플라스틱에서 엔지니어링 플라스틱까지 ·

셀룰로이드, 고분자, 탄화수소, 단위체, 중합체, 폴리에틸렌

애니메이션 <월-E(WALL-E)>의 주인공인 로봇 월-E는 사람들이 떠난 지구에 홀로 남아 재활용품을 분리수거하는 일을 한다. 인간들이 만들어낸 온갖 물건들이 나뒹구는 모습에서 석유화학제품의 이미지는 환경파괴의 원흉처럼 느껴진다. 실제로 바다에 떠다니는 거대한 플라스틱 쓰레기 섬을 보면 석유화학제품은 곧 환경파괴라는 등식이 성립한다 해도 결코 이상하게 느껴지지 않는다. 하지만 석유는 천연제품을 대체하는 용도로 활용되었고, 석유화학제품이 없었다면 지구는 더욱 심한 파괴가 일어났을지도 모른다.

석유 속에 잠긴 하루

19세기 말 미국 서부나 중동에서는 물을 얻기 위해 땅을 파면 간혹 석유가 뿜어져 나오는 일이 있었다. 당시에는 석유가 아무짝에도 쓸모없이 땅만 오염시키는 저주 받은 물질에 불과했다. 이러한 석유가 검은 황금

칫솔 변천사

으로 돌변할 수 있었던 것은 등유와 휘발유같이 그 활용 방안이 있었기 때문이다. 오늘날에는 연료뿐 아니라 다양한 석유화학제품의 원료로 산업을 유지하는 '산업의 쌀'로서 그 중요성이 더욱 커졌다.

현대인은 하루 종일 석유에 잠겨 살고 있다 해도 과언이 아니다. 석유화학제품이 이렇게 널리 사용되고 있는 것은 천연재료에 비해 뛰어난 기능을 가졌지만 가격은 오히려 더 저렴하기 때문이다.

이러한 예로 우리 생활에 없어서는 안 될 생활필수품 칫솔을 예로 들어보자. 고대에는 단지 나무막대기에 불과했으며, 1500년경 동물 뼈와 강모로 만든 중국의 칫솔이 서양으로 전해진다. 일부 칫솔은 상아 손잡이로 만들기도 했지만 기본적으로 칫솔모는 동물 털로 만들었다. 그러니 서민들이 사용하기에는 비싼 물건이었다.

칫솔이 누구나 사용할 수 있는 값싼 물건이 될 수 있었던 것은 나일론과 아크릴이 발명된 후였다. 나일론은 동물의 털보다 탄력이 더 있어 구석구석 잘 닦을 수 있었고, 물을 흡수하지 않기 때문에 빠르게 건조되어 위생적으로도 훨씬 우수했다. 사실 뒤퐁사가 나일론을 발명한 지 11년 만에 처음 시장에 내놓은 제품이 칫솔모였다. 그리고 얼마 지나지 않아 나일론의 우수성이 알려지면서 여성용 스타킹은 날개 돋친 듯 팔려 나가게 된다. 스타킹을 사기 위한 인파를 통제하기 위해 경찰까지 동원될 정도였으니 그 인기를 가히 짐작하고도 남는다.

칫솔과 스타킹에서 시작된 석유화학제품의 수요는 폭발적으로 증가했고, 오늘날에는 그 수를 헤아릴 수 없을 정도다. 석유화학제품의 용도로 플라스틱을 떠올리는 경우가 많지만 그 외에도 세제나 염료, 비료, 섬유 등 다양한 제품의 원료로 사용되고 있다.

놀랍게도 석유화학제품은 의약품의 원료로도 사용될 만큼 활용도가 높다. 그렇지만 원유에서 석유화학제품 비율은 10% 정도에 불과하며 대부분은 수송, 난방, 발전 등의 연료로 사용된다. 이렇게 원유에서 차지하는 비율은 낮지만 일상생활용 제품에서는 없어서는 안 될 산업재료가 석유화학제품이다.

성형미인 플라스틱

플라스틱이라고 하면 흔히 석유화학제품을 생각하지만 모두 그런 것은 아니다. 플라스틱이라는 말은 그리스어인 '성형할 수 있는'이라는 뜻을 가진 '플라스티코스(plastikos)'에서 유래한 말로 지금은 합성수지를 가리키는 경우가 많다. 하지만 최초의 플라스틱은 석유화학제품이 아니라 식물성 재료를 사용한 셀룰로이드(celluloid)였다. 셀룰로이드는 식물의 세포벽에서 얻을 수 있는 셀룰로오스(섬유소)가 주재료이다.

1846년 독일의 화학자 크리스티안 쇤바인(Christian Friedrich Schönbein)은 셀룰로오스에 질

쇤바인

나일론 구조

산을 화합하여 니트로셀룰로오스(질산섬유소)를 합성한다. 니트로셀룰로오스는 폭발성이 있어 면화약으로 사용되었으며, 후일 노벨이 니트로글리세린을 합성하는 데 사용하기도 했다.

19세기 미국에서 당구가 유행하면서 상아의 가격이 급등하자 니트로셀룰로오스가 사용되기도 했다. 문제는 니트로셀룰로오스는 폭발성이 있어 간혹 당구공끼리 세게 부딪치면 곤란한 일이 발생했다는 점이다. 그래서 한 당구공 제조회사에서 상아를 대체할 물질에 대한 현상 공모를 했고, 1868년 하이엇(John Wesley Hyatt)이 우연히 니트로셀룰로오스에 장뇌($C_{10}H_{16}O$)를 첨가해 셀룰로이드를 만들게 된다. 셀룰로이드는 천연원료인 셀룰로오스와 장뇌를 사용하였으니 완전한 합성물질은 아니었다.

최초의 합성수지는 1907년 미국의 베이클랜드(Leo Hendrik Baekeland)가 페놀과 포름알데히드를 합성해 만든 페놀수지인 베이클라이트(bakelite)였다. 그리고 1937년 미국 듀퐁사의 연구원 캐러더스(Wallace H. Carothers)에 의해 나일론이 발명되면서 플라스틱의 시대가 개막되었다. 그렇다고 해도 이때까지도 플라스틱 제조에 쓰인 것은 석유가 아니라 석탄이었다. 아직 플라스틱의 원료로 석유가 쓰이지는 않았다.

캐러더스

석유가 플라스틱의 원료로 사용되기 시작한 것은 1940년대 들어서다. 당시 석유는 내연기관의 원료인 휘발유를 얻기 위한 용도로 사용되었

유혹하는 검은 황금 석유(2)

는데, 나머지 부산물의 활용을 위해 플라스틱의 원료로 사용되기 시작했다.

사실 플라스틱은 고분자 화합물의 일종인데 플라스틱이 워낙 널리 활용되다 보니 이제는 고분자 화합물과 거의 같은 의미로 사용되기도 한다. 분자량이 10,000이상인 물질을 고분자라고 하는데, 단백질이나 탄수화물, 천연고무 등은 천연 고분자 화합물이다.

최초의 플라스틱을 제조하는 데 식물이 사용된 것은 가장 흔한 고분자물질이기 때문이다. 오늘날에도 식물은 중요한 고분자 재료이며, 옥수수

사슬 모양 탄화수소인 알케인

분자식(C_nH_{2n+2})	명명법	끓는점(℃)	녹는점	상태
Ch_4	methane	-162	-183	기체
C_2H_6	ethane	-89	-172	
$C3H_6$	propane	-42	-187	
C_4H_{10}	buthane	-0.6	-139	
C_5H_{12}	pentane	36	-130	액체
C_6H_{14}	hexane	69	-95	
C_7H_{16}	heptane	98	-91	
C_8H_{18}	octane	126	-57	
C_9H_{20}	nonane	151	-51	
$C_{10}H_{22}$	decane	174	-32	
$C_{11}H_{24}$	undecane	197	-27	
$C_{12}H_{26}$	dodecane	216	-12	
$C_{16}H_{34}$	hexadecane	288	20	고체
$C_{20}H_{42}$	eicosane	345	37	

전분 플라스틱처럼 친환경 플라스틱의 원료로 사용되고 있다. 하지만 고분자를 합성할 수 있는 기술이 등장하면서 석유가 주로 사용되고 있다. 합성 고분자 화합물을 만드는 원료로 탄화수소가 주로 사용되는데, 탄화수소를 가장 손쉽게 얻을 수 있는 것이 바로 석유이기 때문이다.

탄화수소는 모양에 따라 사슬 모양 탄화수소와 고리 모양 탄화수소로 나눌 수 있다. 또한 사슬 모양 탄화수소는 분자 내의 원자들이 모두 단일결합한 포화탄화수소와 이중결합이나 삼중결합한 불포화탄화수소로 구분할 수 있으며, 그 모양에 따라 다양한 고분자 화합물을 만들 수 있다.

플라스틱의 화려한 변신

정유공장에서 증류를 통해 얻은 끓는점이 35~220℃의 물질을 나프타(naphtha, 납사)라고 한다. 나프타는 탄소수가 5~12개로 이루어져 있는데, 열을 가하면 탄소결합이 끊어진다. 석유화학산업은 탄소결합이 끊어진 나프타를 냉각, 압축하는 과정을 거쳐 탄소수가 적은 단순한 화합물로 만드는 공정이라고 할 수 있다.

석유에서는 다양한 탄소화합물을 얻을 수 있지만 메테인(CH_4), 에테인(C_2H_4), 프로페인(C_3H_6), 뷰테인(C_4H_{10}), 벤젠(C_6H_6)의 다섯 가지가 가장 많이 사용된다. 이러한 물질들은 상온에서 기체나 액체 상태여서 파이프를 통해 수송할 수 있고, 원료가 또 다른 제품의 원료로 사용되기 때문에 공장들이 밀집되어 콤비나트(kombinat)를 이루는 경우가 많다.

나프타에서 얻은 단순한 탄화수소는 중합과정을 거쳐 합성 고분자 화

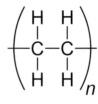

폴리에틸렌 볼과 폴리에틸렌 구조식

합물이 된다. 따라서 합성 고분자 화합물은 단순한 탄화수소를 단위체 (monomer)로 하여 만든 중합체(polymer)이다.

에틸렌을 단위체로 하여 중합시키면 폴리에틸렌(PE, polyethylene)을 얻을 수 있다. 에틸렌의 분자량과 분자식은 정해져 있지만 폴리에틸렌의 경우에는 어디를 찾아봐도 분자량을 찾을 수 없다. 이는 에틸렌을 중합시켜 만든 것은 모두 폴리에틸렌이기 때문인데, 보통 1천 개 내외의 에틸렌 분자들이 중합되어 있다.

마찬가지로 폴리프로필렌(PP, polypropylene)은 프로필렌(C_3H_6), 폴리염화비닐(PVC, Polyvinyl Chloride)은 염화비닐($CH_2=CHCl$), 폴리스타이렌

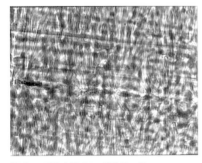
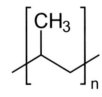

폴리프로필렌과 폴리프로필렌 구조식

(PS, polystyrene)은 스타이렌(C_8H_8)을 중합시킨 것이다. 여기서 주의해야 할 것은 '폴리-(poly-)'라는 접두어가 붙어 있다고 해서 항상 뒤쪽에 있는 이름이 단위체를 나타내는 것은 아니라는 점이다. 예를 들어 폴리에스터(polyester)는 중합체가 에스테르 결합(RCOOR′)을 하고 있어 붙여진 이름이다.

중합체를 만드는 이유는 단위체와 다른 새로운 물성을 가진 분자를 얻을 수 있기 때문이다. 중합체는 단위체의 종류와 분자량, 단위체가 선형인지 그물망으로 배치되는지에 따라서 다양한 성질을 지닌다. 이것은 블록 장난감에서 끼우는 블록의 종류와 양에 따라 다른 모양을 가지는 것과 마찬가지라 할 수 있다.

동일한 블록으로 다양한 모양을 만들 수 있듯이 플라스틱은 단위체에 따라 다양한 특성을 지니게 할 수 있다. 다양한 특성을 지닌 플라스틱은 용도에 따라 크게 범용 플라스틱과 엔지니어링 플라스틱으로 나눌 수 있다. 일상생활에서 사용하는 범용 플라스틱은 가볍고, 녹슬지 않고, 모양을 만들기 쉽고, 화학반응에 강하지만 열에 약하고, 금속에 비해 강도가 약하다. 하지만 특수한 용도로 사용하는 엔지니어링플라스틱의 경우는 고열에서도 견디고, 강철보다 강한 강도를 지니지만 가볍다. 이러한 고기능성 플라스틱은 자동차나 항공기와 같은 첨단 산업부터 스포츠 용품에 이르기까지 다양하게 사용되고 있다.

섬유강화플라스틱(FRP: fiber reinforced plastics)은 자동차의 무게를 줄여 성능과 연비를 높여준다. 특히 탄소섬유강화플라스틱(CFRP)은 강철의 10배나 되는 강도를 가지고 있지만 무게는 1/4 정도로 가벼워 강철을 대체할 '꿈의 소재'로 불린다. 항공기의 경우에도 10%이상 사용하고 있으며, 그 비율은 점차 증가하고 있다.

골프채나 낚싯대처럼 스포츠 용품에서 빠질 수 없는 것이 탄소섬유 강화플라스틱이다. 심지어 플라스틱은 전기가 흐르지 않는다는 편견도 깨트린다. 도핑 처리 된 폴리아세틸렌 같은 전기전도성 플라스틱은 전기가 흐른다. 전기전도성 플라스틱은 플렉시블 디스플레이나 태양전지, 반도체 등 다양한 분야에 활용될 수 있다.

신이 내려준 선물에서 악마의 저주로

다양한 특성을 지닌 기능성 고분자는 더욱 많은 분야에서 기존의 소재를 대체하게 될 것이다. 고기능성 플라스틱의 미래가 밝은 것과 달리 범용 플라스틱에 대한 전망이 좋은 것만은 아니다.

석유화학제품이 주는 편리함의 이면에는 환경파괴라는 어두운 그늘도 있기 때문이다. 버려진 어망에 걸려 목이 깊게 패인 물개 사진이나 플라스틱이 발암물질과 환경호르몬을 방출한다는 기사에 이르기까지 플라스틱이 환경오염 물질이라는 말은 당연하게 느껴질 정도이다. 심지어 전 세계 바다 위를 부유하며 해양 생태계를 위협하는 플라스틱 쓰레기 섬을 보면 석유화학제품을 계속 사용하는 것은 지구를 위협하는 행위처럼 느껴진다. 그렇다면 무조건 플라스틱 사용을 줄이는 것만이 최선의 선택일까?

건축자재에서 일상생활 용품 재료로 흔히 사용되는 PVC의 예를 보

쓰레기 섬

면 우리가 플라스틱에 선입견을 가지고 있는 것이 아닌지 의문이 든다. PVC는 가격이 저렴해 파이프나 창틀 같은 건축자재로 많이 활용되지만 유해성 논란 때문에 기피하는 현상이 있다.

　종종 PVC는 환경호르몬을 방출하고, 연소 시에 다이옥신 같은 발암 물질을 방출하는 위험한 석유화학제품으로 알려져 있다. 하지만 PVC 자체는 매우 안전한 물질로 인체에 전혀 해롭지 않다. 문제는 PVC가 단단하기 때문에 이를 연하게 만들기 위해 첨가한 다이에틸헥실프탈레이트(DEHP) 같은 가소제에 있다. 따라서 아이들의 완구에 이러한 가소제 성분이 포함된 플라스틱이 사용되는 것을 중지하는 조치는 당연하다고 할 수 있다. 하지만 PVC 제품 자체를 위험물질로 취급하는 것은 옳지 않다.

유혹하는 검은 황금 석유(2)

또한 PVC에는 염소가 포함되어 있어 연소할 때 다이옥신이 발생한다고 알려져 있지만 사실은 그 양이 매우 적을 뿐 아니라 PVC는 불에 잘 타지도 않는다. 실제 대기 중에서 발견되는 다이옥신의 상당수는 산불과 같이 목재가 탈 때 발생한다.

플라스틱의 유해성 논란으로 인해 PET 병조차 사용을 꺼리지만 이는 과도한 걱정이다. PET 병은 PVC와 달리 제조 시에 가소제를 넣지 않는다. 또한 환경호르몬 논란을 일으킨 비스페놀A(BPA, bisphenol A)도 들어 있지 않다. 따라서 PET 병은 현재 우리가 사용할 수 있는 음료수 포장용기 중에서 가장 저렴하고 안전하다고 할 수 있다.

사실 비스페놀A에 대한 논란도 다시 생각해볼 필요가 있다. BPA는 폴리카보네이트(PC, polycarbonate)를 만드는 원료로 사용된다. 폴리카보네이트는 강도와 내열성, 내화성이 우수하고 투명하여 각종 용기에 사용된다. 특히 유아용 젖병에도 사용되면서 크게 논란이 되기도 했다.

BPA에 대한 논란이 끊이지 않는 상황에서 최근 유럽식품안전청(EFSA)과 미국 식품의약국(FDA)에서는 BPA 노출로 인한 소비자 건강에는 유해성이 없다고 했다. 물론 이것은 BPA가 안전한 물질이라는 뜻이 아니지만, 일반적인 노출에 대해서는 걱정하지 않아도 된다는 뜻이다. 하지만 이미 시장에서 소비자는 BPA가 들어 있지 않은 'BPA Free' 제품이 아니면 선택을 기피하게 되었다. 여론에 편승한 일부 업체에서는 BPA가 없는 제품을 어떤 환경호르몬도 없는 제품인 듯 과장 광고해 지적을 받았고, 심지어 안정성이 검증되지 않은 제품이 더 비싸게 팔리고 있는 경우도 있다.

폴리카보네이트는 이미 60년 동안 사용해 어느 정도 안전성이 검증되었지만 대체 물질은 BPA가 없을 뿐 폴리카보네이트보다 더 안전한지 확신할 수 없다. 기준 이하에서 안전하다는 단서가 있기는 하지만(이건 당연한 이야기이다. 기준 이상 과도하게 섭취했을 때 안전한 물질은 어디에도 없다) BPA Free가 화학물질에 대한 막연한 공포심을 조장한 상술로 악용 될 수도 있다.

플라스틱을 줄이기 위해서는 더 많은 종이, 금속, 가죽이 필요하다. 플라스틱을 포기하고 살기 어렵다면, 무조건 사용을 줄이기보다는 바르게 알고 적극적으로 재활용하는 것이 친환경적인 사고방식이다.

✚ 나프타의 크래킹과 개질

원유를 분별증류를 통해 얻는 나프타를 효용성이 높은 물질로 바꾸는 공정을 크래킹(cracking)과 개질(reforming)이라고 한다. 나프타는 끓는점이 낮은 경질 나프타와 상대적으로 높은 중질 나프타로 구분한다. 경질 나프타는 탄소수가 적어서 끓는점이 낮고, 중질 나프타는 탄소수가 많아서 끓는점이 높다. 경질 나프타를 열을 가해 탄소수가 적은 탄화수소로 분해하는 과정을 크래킹이라고 한다. 크래킹은 탄소-탄소 사이의 결합을 끊어 끓는점이 낮은 물질로 바꾸는 화학 공정이다. 이 공정에는 열을 이용하거나 촉매를 사용하는 방법이 있다. 나프타를 크래킹해서 얻은 에틸렌을 첨가 중합 반응을 통해 다양한 합성수지 제품을 만든다. 중질 나프타에서 열을 가하거나 촉매를 사용해 옥탄가가 높은 가솔린과 BTX(벤젠, 톨루엔, 자일렌)를 얻는 방법을 개질이라고 한다.

✚ 탄화수소 유도체의 쓰임새

탄화수소 화합물에서 수소가 다른 원자나 원자단으로 대체된 물질을 탄화수소 유도체라고 한다. 탄화수소유도체의 성질은 수소 대신 결합된 작용기에 따라 달라진다. 예를 들어 포화 탄화수소에서 수소 대신 히드록시기(-OH)로 치환된 것이 알코올이다. 이름 끝에 '-올'이라고 붙은 것은 작용기로 히드록시기가 있다는 의미다. 메탄올(CH_3COOH)이나 에탄올(CH_3CH_2OH)의 시성식을 보면 히드록시기가 붙은 것을 알 수 있다.

더 읽어봅시다
이덕환의 『이덕환의 과학세상』
좀 엠슬리의 『화학의 변명 3』

뜨겁게 세상을
움직이는
열기관(1)

· 증기기관에서 스털링 엔진까지 ·

열기관, 증기기관, 열역학 법칙, 영구기관, 열효율

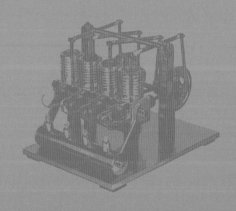

애니메이션 <스팀보이(Steamboy)>는 19세기 영국의 산업혁명을 배경으로 한 전형적인 스팀펑크(Steampunk) 작품이다. 스팀펑크는 빅토리아풍의 유럽이나 산업혁명을 배경으로 한 SF의 한 장르로 1980년대부터 인기를 끌고 있다. <스팀보이>에는 아이언맨 슈트처럼 입는 로봇부터 거대한 비행선에 이르기까지 오늘날에도 만들기 쉽지 않은 기계들이 등장한다. 놀라운 점은 이러한 기계들이 모두 증기기관으로 작동한다는 점이다. 이처럼 증기기관에 현대의 첨단과학을 적절히 융합시켜놓은 것이 스팀펑크이다.

기계 문명의 시작

스팀펑크 장르로 가장 많은 인기를 끌었던 작품은 애니메이션<하울의 움직이는 성(Howl's Moving Castle)>이다. 이 외에도 <젠틀맨 리그(The League of Extraordinary Gentlemen)>나 <와일드 와일드 웨스트(Wild Wild West)>와 같이 스팀펑크로 분류되는 작품의 공통점은 증기기관으로 움직이는 복잡하고 거대한 기계들이 등장해 관객들의 아날로그적인 향수를 자극한다는 점이다.

스팀펑크 작품이 향수를 자극하는 것은 단지 과거의 발명품인 증기기관을 사용하고 있기 때문만은 아니다. 스팀펑크에는 증기기관을 사용해 세상을 변화시키려고 했던 많은 발명가들의 꿈이 고스란히 담겨 있어 사랑을 받는 것이다.

토머스 세이버리와 세이버리 펌프

인류는 오랜 세월 동안 인력을 대신할 수 있는 방법을 모색해왔고, 바람이나 물, 가축의 힘을 이용해 다양한 기계를 작동시켰다. 풍차나 물레방아, 수레도 넓은 의미에서는 기계라고 할 수 있지만 동력을 사용한 진정한 의미의 기계는 증기기관이 발명되고 난 후에 등장했다.

대항해 시대로부터 시작된 급격한 팽창주의 정책은 엄청난 양의 자원을 필요로 했다. 특히 식민지 개척을 위한 대규모 선단을 조직하기 위해 벌어진 마구잡이 벌목으로 인해 목재 값은 천정부지로 뛰었고, 석탄이 대체재로 사용되기 시작했다. 하지만 결정적으로 석탄 사용량을 늘인 것은 코크스를 이용한 제철산업의 등장이었다. 석탄이 제철산업에 사용되어 더 우수한 철이 생산되어 철로나 철교 등의 각종 건축물에 활용되기 시작했다. 석탄 수요량이 증가하자 탄광업자들은 경쟁적으로 더 깊은 갱도 속으로 파 들어갔다.

갱도가 깊어질수록 지하수가 빠르게 차올라 말을 이용한 펌프로 물을 퍼내야 했다. 하지만 전쟁으로 말 값이 오르자 1698년 영국 공학자 토머스 세이버리(Thomas Savery, 1650~1715)는 '광부의 친구'라고 부르는 증기기관을 이용한 펌프를 만든다. 하지만 이름과 달리 세이버리의 펌프는 사용하기 불편하고 위험해 결국 광부에게 좋은 친구가 되지는 못했다.

실용적인 증기기관은 1712년 영국의 토머스 뉴커먼(Thomas Newcomen, 1663~1729)이 발명했다. 사실 엄밀하게 말한다면 뉴커먼의 증기기관도 증기의 힘을 이용한 것이 아니다. 증기기관임에는 분명하지만 증기가 들어 있는 실린더 내부를 찬물로 식힐 때 발생하는 진공 즉 대기압을 이용한 장치였다. 뉴커먼의 기관은 가열과 냉각이 같은 실린더에서 일어나 1분에 12번 정도 왕복운동을 하는 비효율적 기계였다.

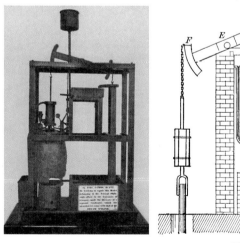

토머스 뉴커먼의 증기기관

제임스 와트의 증기기관

그래서 뉴커먼의 증기기관은 석탄을 저렴하게 공급받을 수 있는 탄광에서만 활용되었다. 이러한 증기기관을 개선하여 효율성을 높인 사람이 제임스 와트(James Watt, 1736~1819)이다.

열역학을 탄생시킨 카르노

와트의 증기기관과 함께 찾아온 산업혁명은 인류의 생활방식을 송두리째 바꾸었다. 농업혁명으로 1만 년 이상 이어져온 농경 생활이 겨우 300여 년 전 시작된 산업혁명으로 순식간에 도시 생활로 변모했다. 와트의 증기기관은 인류가 오랜 세월 꿈꿔왔던 기계문명의 시작을 알리는 혁명적 사건이었다.

증기기관은 1세기경 그리스의 헤론이 '아에올리스의 공'이라고 불리는 일종의 증기터빈을 만든 것이 시초였다. 하지만 헤론의 발명품은 재미있는 장난감 수준이었고, 세이버리와 뉴커먼의 증기기관도 널리 활용되기에는 열효율이 너무 낮았다. 놀라운 것은 와트가 과학적인 원리를 정확하게 알지 못했지만 뉴커먼의 증기기관을 효율적으로 개선했다는 점이다.

글래스고대학에서 수리기사로 일하

아에올리스의 공

뜨겁게 세상을 움직이는 열기관(1)

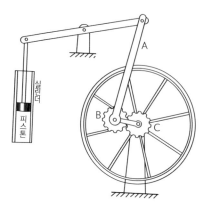

와트의 유성기어. 바퀴 가운데 있는 기어(C)를 태양
기어, 맞물려 있는 기어(B)를 유성기어라고 한다. 태
양계와 모양이 비슷하여 유성기어라고 부른다.

로버트 시모어의 〈지성의 진격〉

던 와트는 뉴커먼의 열기관 모형에 대한 수리 요청이 들어왔을 때 직관적으로 그 문제를 간파했다. 뜨거운 증기가 들어 있는 실린더를 찬물로 식히면 온도를 다시 높이는 데 많은 열이 필요했던 것이다. 와트는 실린더를 두 개로 분리해 열효율을 높여 이 문제를 해결했다. 와트의 또 다른 업적은 유성기어를 발명해 증기기관의 왕복운동을 회전운동으로 변환시켰다는 점이다.

와트의 증기기관으로 인해 영국의 모습은 변하기 시작했다. 물레방아 6개의 일률을 가진 증기기관 덕분에 공장을 계단식으로 물레방아를 끼고 건설할 필요가 없었다. 탄광과 공장이 변화하기 시작했지만 사람들에게 증기기관의 놀라움을 단적으로 보여준 것은 증기기관차의 등장이었다. 이로 인해 발명가들은 와트의 증기기관을 열광적으로 활용하기 시작했다. 물론 로버트 시모어 같은 시사 만화가는 스팀펑크 작품처럼 보이는 '보행기계' 그림을 통해 비웃기도 했다. 흥미로운 것은 시모어가 증기기관을 사용한 기계를 풍자하는 작품을 그렸지만, 거기에 외골격 로봇이 등장했다는 점이다. 물론 오늘날의 외골격 로봇은 증기기관이 아니라 모터로 작동되지만 상상력이 미래를 바꿀 수 있음을 잘 보여준 예라고 할 수 있다.

와트가 효율적인 증기기관을 만들었다고 해서 물리적으로 제대로 이해했던 것은 아니다. 주전자 뚜껑과 관련된 일화로 인해 와트가 증기기관의 원리를 잘 알고 있었다고 묘사되지만 사실이 아니다. 증기기관을 연구해 열역학의 기초를 닦은 사람은 프랑스 장교 사디 카르노(N. L. Sadi Carnot, 1796~1832)였다. 그는 영국 함대보다 와트의 증기기관이 더 중요하다고 언급했으며, 증기기관이 도시의 모습을 바꿀 것이라고 간파할 만큼 뛰어난 선견지명을 가지고 있었다.

대부분의 기술자들이 경험과 직감으로 증기기관을 연구하고 있을 때, 카르노는 1824년 「불의 동력 및 그 힘의 발생에 적당한 기계에 관한 고찰」이라는 논문을 통해 과학적으로 분석했다. 즉 카르노는 열이 높은 온도에서 낮은 온도로 흐를 때만 일을 할 수 있다는 사실을 알아냈다. 카르노의 발견은 대단히 놀라웠지만 당시의 과학자들은 별 관심을 보이지 않았다. 수십 년이 지난 후 켈빈에 의해 카르노의 논문이 인용되면서 열역학 제2법칙으로 알려지게 된다.

영구기관의 꿈

카르노는 와트와 달리 증기기관의 열효율을 높이기 위해 증기기관 내에서 어떤 일이 일어나는지 관찰했다. 그는 당시 증기기관의 효율이 낮은 이유는 증기가 세어 나가거나 단열이 제대로 이루어지지 않아서라고 생각했다. 그리고 그는 이상적인 열기관(Fire Engine)인 카르노 엔진을 생각해낸다. 카르노뿐 아니라 당시 발명가들은 열기관이 계속 작동하기 위해서는 팽창과 수축이 반복되어 일어나야 한다는 사실을 알고 있었다. 하지만 카르노는 여기서 멈추지 않고 열기관에서 일어나는 순환 과정인 '카르노 순환(Carnot cycle)'*을 발견한다.

수증기에 의해 밀려 올라간 피스톤이 내려오기 위해서는 수증기가 냉각되어 응축되어야 하는데, 냉각이 일

● 카르노 순환 이상기체를 이용해 작동하는 가장 효율이 좋은 열기관을 카르노 기관이라고 하며, 카르노 기관에서 일어나는 4단계의 가역적인 순환과정을 말한다.

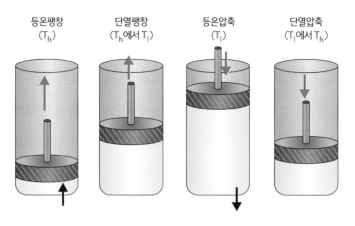

등온팽창 (T_h)　단열팽창 (T_h에서 T_l)　등온압축 (T_l)　단열압축 (T_l에서 T_h)

카르노 엔진의 순환 과정. 카르노 엔진은 이상 기체를 작동 물질로 하는 이상적인 열기관이다.

어나기 위해서는 열손실이 일어날 수밖에 없다. 카르노는 팽창과 수축 과정에서는 필연적으로 열손실이 발생할 수밖에 없다는 사실을 깨달았던 것이다. 열의 정체가 제대로 알려지지 않은 시절에 카르노의 통찰은 대단히 놀라운 것이었다.

이처럼 열역학은 카르노가 열효율을 높이기 위해 열기관을 연구하는 과정에서 탄생했다. 열기관은 높은 온도에서 공급되는 열량 중에서 일을 얻고 나머지는 낮은 온도로 열량이 흘러가는 기관으로, 간단히 말하면 열에서 역학적 에너지를 얻는 기계라고 할 수 있다.

카르노가 증기기관을 연구했던 것은 열기관의 효율(열효율은 공급한 열량 중에서 일로 바뀐 열량으로 정의한다)을 높이기 위한 것이었다. 카르노는 모든 열을 일로 바꿀 수 있는 열기관 즉 열효율 100%의 열기관은 만들 수 없다는 것을 알아냈다. 만일 열효율이 100%인 엔진을 장착한 자동차가 있다면 몇 시간을 달려도 엔진은 차갑고, 배기구로도 전혀 열이 빠져나오지 않아야 한다. 하지만 그러한 자동차는 결코 없으며, 이것은 영구기관을 결코 만들 수 없다는 뜻이기도 하다.

영구기관은 그리스 시대부터 오랜 세월 동안 많은 과학자와 발명가를 좌절 속에 빠트린 금단의 열매이다. 19세기에 에너지의 개념이 확립되기까지 많은 사람들이 영구기관 발명에 매달렸다. 물론 오늘날에도 영구기관 발명에 매달려 특허 신청하는 사람들이 있다. 하지만 아직까지 영구기관에 대한 단 한 건의 특허도 등록된 바가 없다. 이미 프랑스에서는 1775년, 미국에서도 1918년부터 영구기관에 대한 특허는 받지 않고 있다. 영국에서도 영구기관은 과학법칙에 위배되기 때문에 특허로 인정하지 않고 있고, 이는 국내에서도 마찬가지이다.

간혹 영구기관으로 특허를 받았다고 주장하는 경우도 있지만 이것은 제조 방법이나 효율성에 대한 특허이지 영구기관에 대한 것은 아니다. 이렇게 영구기관에 대한 특허를 인정하지 않는 것은 이것이 기술적인 문제가 아니라 과학법칙에 위배되기 때문이다. 영구기관은 제1종 영구기관과 제2종 영구기관의 두 가지 종류가 있다. 제1종 영구기관은 에너지보존 법칙인 열역학 제1법칙에 위배되는 것을 말한다. 아무런 에너지를 공급하지 않아도 작동되는 기계 또는 공급한 에너지보다 많은 일을 하는 기계가 제1종 영구기관이다. 자동차 배터리로 달리면서 한편으로는 발전기를 작동시켜 배터리를 충전하는 시스템이 여기에 속한다.

제2종 영구기관은 열역학 제2법칙을 위배하는 것으로 에너지 흐름의 방향성을 위배한 열효율 100% 기관을 뜻한다. 대표적인 제2종 영구기관은 바닷물에서 에너지를 얻어 달리는 배이다. 찬 바닷물을 끌어올려

한쪽은 따뜻한 물로 다른 쪽은 더 찬물로 분리하면서 에너지를 얻는 방식이다. 영구기관은 불가능한 꿈이지만 아직도 많은 발명가들이 포기하지 못하는 것은 그만큼 매력적이기 때문이다.

보일러 속의 엔진

증기기관을 스팀펑크 작품에서나 볼 수 있는 과거의 유물로 생각하면 큰 오산이다. 오늘날에도 대부분의 전기는 증기기관과 증기터빈을 이용해 생산한다. 열기관은 작동유체(증기기관의 수증기처럼 열기관이 작동하는 동안 열을 흡수하거나 방출하는 유체)에 열이 공급되는 방법에 따라 외연기관과 내연기관으로 구분한다.

가장 널리 알려진 외연기관이 증기기관이다. 하지만 증기기관이라고 해서 석탄을 연소시키는 화로만 사용하는 것은 아니다. 외연기관은 원리상 외부에서 열을 공급받으면 되기 때문에 지열이나 태양열, 원자력 등도 외연기관에 열을 공급하는 열원으로 사용될 수 있다. 이렇게 외연기관은 다양한 열원을 활용할 수 있기에 다시 주목받고 있으며, 그 중심에는 스털링 엔진(Stirling Engine)이 있다.

스털링 엔진은 1816년 스코틀랜드 목사였던 스털링(Robert Stirling)이 발명한 것으로 가장 열효율이

스털링 엔진

뜨겁게 세상을 움직이는 열기관(1)

뛰어난 엔진이다. 스털링은 카르노의 연구 결과가 발표되기 전에 많은 시행착오를 거쳐 와트의 증기기관과는 다른 구조를 가진 스털링 엔진을 만든다. 스털링 엔진은 산업혁명으로 증기기관이 주목받는 동안 그 그늘에 가려져 있었고, 다음에는 작고 성능이 뛰어난 내연기관이 출현하는 바람에 사람들의 관심을 끌지 못했다. 하지만 스털링 엔진은 내연기관이 가지지 못한 여러 장점으로 인해 미래형 엔진으로 다시 주목받고 있다.

스털링 엔진은 수소나 헬륨, 질소 같은 작동유체를 밀봉하고 외부에서 열을 공급하는 외연기관이다. 작동유체를 밀봉하는 폐쇄 시스템이기 때문에 배기가스 문제가 거의 없어 다양한 활용이 가능하다. 또한 내연기관처럼 연소 시에 질소산화물과 같은 공해물질을 배출하거나 이산화탄소 같은 배기가스도 적게 방출한다. 이러한 특징 때문에 스털링 엔진을 장착한 잠수함도 등장했다.

스털링 엔진의 장점은 이뿐만이 아니다. 열효율 40% 정도로 열기관 중에서는 가장 높은 수준이라 친환경 엔진으로 인정받고 있다. 그리고 외연기관인 스털링 엔진은 태양열부터 가연성 폐기물, 해수온도차 등 다양한 열원을 이용할 수 있다. 스털링 엔진은 단지 2℃ 이상 약간의 온도차만 있다면 작동시킬 수 있고, 소형화시킬 수도 있어 다양한 활용이 가능하다. 태양열을 이용해 스털링 엔진을 작동시켜 전기를 얻는 휴대용 파워팩도 등장할 것이다. 이미 뜨거운 커피잔 받침에 장치하여 스마트폰 충전기로 사용하는 제품이나 컴퓨터 CPU에서 발생하는 열을 이용한 쿨러도 있다.

스털링 엔진은 내연기관처럼 폭발행정이 없어 소음이 작다. 그래서 가정용 발전기로도 사용할 수 있다. 국내의 한 보일러 업체에서는 열효율이 높은 콘덴싱 보일러에 스털링 엔진을 결합시킨 제품을 출시하기도 했다. 이 보일러는 가정에 온수와 함께 전기도 공급한다. 보일러가 작동할 때 스털링 엔진도 함께 작동시킬 수 있어 그만큼 에너지 효율이 높다. 각 가정에서 스털링 엔진을 통해 전기를 생산할 경우 대형 발전소 건설 비용이 줄어 국가적으로도 이익이 클 것이다.

뜨겁게 세상을 움직이는 열기관(1)

✚ 열기관과 열역학 제1법칙

열기관은 고온의 물체에서 저온의 물체로 열이 이동할 때 열에너지의 일부를 역학적 에너지로 변환시키는 장치다. 흘러가는 물에 물레방아를 설치해 일을 하게 하는 것처럼 이동하는 열에너지 중 일부를 역학적 에너지로 변환시키는 것이 열기관이다. 열기관에 열역학 제1법칙($Q=\Delta U+W$)을 적용시켜보면 공급한 열(Q)은 내부 에너지의 변화량(ΔU)과 일(W)을 더한 값과 같다. 즉 고온에서 저온으로 열이 흘러갈 때 일을 많이 할수록 저온으로 가는 열의 양은 줄어든다.

✚ 열기관과 일

열기관에서 열이 일로 변환되는 기본 과정을 이해하려면 열의 정체가 기체의 운동에너지라는 사실을 알 필요가 있다. 열기관을 작동시키기 위해 외부에서 열을 공급하면 열기관 내부 기체의 운동에너지가 증가한다. 운동에너지가 증가하면 실린더 내부에서 기체들의 충돌 횟수가 증가하므로 압력이 증가한다. 압력이 증가하면 실린더를 밀어 올려 부피가 팽창한다. 이 과정을 통해 열이 일($W=P\Delta V$)로 변환된다.

더 읽어봅시다

곽영직의 『열과 엔트로피』
제임스 E. 매클렐란 3세의 『과학과 기술로 본 세계사 강의』

뜨겁게 세상을 움직이는 열기관(2)

· 가솔린 엔진에서 제트 엔진까지 ·

열기관, 증기기관, 열역학 법칙, 영구기관, 열효율

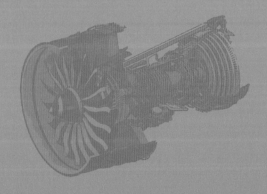

애니메이션 <터보(Turbo)>에는 엄청나게 빠르게 달릴 수 있는 달팽이가 등장한다. 느림보의 상징과 같은 달팽이가 빨리 달릴 수 있게 된 것은 자동차 엔진 속으로 빨려 들어가면서 초능력을 얻었기 때문이다. 이처럼 빠르게 달리는 것이 주목을 받는 것은 많은 생물들에게 속도가 생존과 직결되는 문제이기 때문이다. 인류도 질주본능을 가지고 끊임없이 속도를 향상시켜왔으며, 그 중심에 바로 내연기관이 있다.

세상의 크기를 줄인 내연기관

증기기관은 18세기 영국의 모습을 급격히 변화시켰다. 영국에 비해 상대적으로 느리기는 했지만 유럽 대륙에서도 증기 기관차의 속도와 힘을 보면서 변화를 외면할 수 없었다. 이런 변화의 흐름 속에서 또 다른 꿈을 꾸는 발명가들이 생기기 시작했다. 증기기관은 엄청난 힘을 지니고

하위헌스

있었지만 그에 비례해 덩치도 커져야 한다는 단점이 있었다. 또한 유럽 대륙에서는 영국보다 연료 값이 비싸서 보다 효율적인 열기관이 필요했다. 이러한 필요성으로 내연기관이 등장했다.

오늘날에는 대부분의 내연기관이 화석연료로 움직인다. 하지만 최초의 내연기관을 구상했던 네덜란드 과학자 하위헌스(Christiaan Huygens)는 석유가 아니라 화약으로 움직이는 내연기관을 구상했다. 사실 내연기관이 화석연료만 사용해야 할 이유는 없다. 기관 내부에서 지속적으로 연소를 일으킬 수 있는 물질이면 내연기관의 연료로 사용될 수 있다.

17세기에는 연소에 의해 최대한의 동력을 얻을 수 있는 것이 화약이었다. 그래서 화약을 이용한 내연기관을 구상했던 것이다. 넓은 의미로 보면 대포나 폭죽도 내연기관이라고 할 수 있다. 실린더 형태의 몸통 내에서 화약의 연소가 일어나 물체에 역학적인 일을 할 수 있기 때문이다. 물론 반복적인 일을 할 수 없어 일상적인 의미의 내연기관으로 부르지는 않는다.

하위언스 이후 19세기까지 내부 연소로 일할 수 있는 열기관 연구가 이어졌고, 1860년 프랑스의 르노아르는 최초의 단기봉 내연기관을 발명한다. 르노아르의 엔진은 한 개의 실린더 속에 가스를 넣고 전기 불꽃을 이용해 점화시키는 2행정기관이었다. 가스가 폭발하면 그 힘으로 피스톤이 빠르게 밀려나갔고, 이것을 크랭크에 연결시키는 방식으로 작동하도록 만들었다.

2년 후에 역시 프랑스 과학자 알퐁스 보 드 로샤(Alphonse Beau De Rochas)가 4행정기관의 원리로 특허를 취득한다. 하지만 실제로 4행정기관을 만든 사람은 독일 공학자 니콜라스 오토(Nikolaus August Otto)였기 때문에 4행정기관의 연소 사이클은 '오토 사이클'이라고 부른다. 석탄가스를 이용한 오토의 4행정기관은 증기기관에 비해 연료비가 저렴했다. 또한 공간을 적게 차지하면서도 성능은 더 우수해 공장에서 증기기관의 자리를 대신 차지할 수 있었다.

오토 사이클

물론 내연기관에 피스톤을 이용한 엔진만 있는 것은 아니다. 로터리 엔진이라는 혁명적인 엔진도 있었다. 설계자의 이름을 따서 방켈 엔진이라 부르기도 한다. 피스톤 엔진에는 수직운동을 회전운동으로 바꿔야 하는 복잡성이 있다. 독일의 펠릭스 방켈은 이를 개선하기 위해 처음부터 엔진에서 회전운동을 발생시키려고 했다. 일본의 마쯔다자동차에서 실용화시키기는 했지만 결국 배기가스와 경제성 문제로 지금은 사용하지 않는다.

한물간 5기통춤?

한때 〈빠빠빠〉라는 노래와 함께 '직렬 5기통춤'이 유행인 적이 있었다. 헬멧을 쓰고 아래위로 움직이는 귀여운 춤이 많은 인기를 끌었다. 지금은 대중문화의 속성상 이 춤을 추는 사람을 거의 볼 수 없다. 크레용팝과 관련은 없지만 요즘은 5기통 자동차도 보기 힘들다. 그나마 5기통 엔진 모델을 꾸준히 출시하던 볼보도 새로운 4기통 엔진으로 교체했다. 그렇다면 왜 5기통 엔진이 사라지고 있을까?

직렬 5기통이라는 것은 5개의 실린더를 직렬로 배치한 엔진을 뜻한다. 실린더는 직렬로 배치하면 제조가 쉽지만 엔진룸에서 부피를 많이 차지한다. 그래서 6기통 이상 엔진에서는 V6 엔진처럼 실린더를 절반으로 나누고 60도 각도로 배치한 V형으로 만들기도 한다.

자동차 배기량은 각 실린더의 배기량을 모두 합한 것으로 배기량이 늘수록 엔진의 일률 즉 출력이 크다. 그래서 대형 자동차일수록 일반적으로 더 많은 실린더를 가지고 있다. 하지만 배기량이 같다고 모든 엔진의 출력이 같지는 않다. 그렇다면 더 우수한 엔진이라는 말이 존재하지 않을 것이다. 우수한 엔진은 배기량이 작으면서도 일률은 크고, 연비가 좋아야 한다.

엔진의 출력을 높이기 위해서는 실린더의 개수를 늘려야 한다. 배기량이 같아도 다기통 엔진은 실린더 내부로 혼합기(가솔린과 공기의 혼합기체)를 더 많이 흡입할 수 있다. 혼합기는 실린더 밸브를 통해 들어오는데 한 개보다는 작은 실린더 여러 개가 더 유리하다. 다기통 엔진이 유리한 또 다른 이유는 피스톤의 속도이다. 피스톤이 빨리 움직일수록 더 많은 혼합기를 흡입하고, 빠르게 크랭크축을 회전시킬 수 있어 출력을 높인다. 하지만 피스톤은 보통 20m/s의 속력까지 상하운동을 하며 그 이상의 속력을 내기는 어렵다. 피스톤의 속력이 빠를수록 관성력이 크게 작용해 부품의 내구성이 감당하지 못한다. 그래서 피스톤을 내구성이 뛰어난 경량합금으로 만들려고 하는 것이다.

최근에는 배기량을 높이는 것이 아니라 오히려 낮추는 다운사이징 엔진이 대세이다. 그래서 배기량으로 차량 성능을 판단하던 시대는 갔다고도 말한다. 다운사이징 엔진은 배기량은 낮아도 성능은 크게 뒤지지 않고, 연비는 높인 친환경 엔진이다. 배기량을 낮추면서

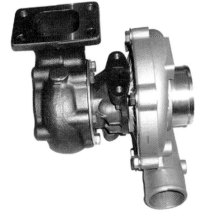

터보 차저

뜨겁게 세상을 움직이는 열기관(2)

슈퍼 차저

도 엔진의 출력을 높이는 방법에는 과급기라고 불리는 터보 차저(turbo charger)와 슈퍼 차저(supercharger)를 사용하는 방법이 있다.

과급기(過給器)라고 부르는 것은 실린더의 체적 이상으로 공기를 과하게 공급하기에 붙여진 이름이다. 즉 피스톤으로 원래 들어가는 공기의 양보다 많은 양의 공기를 압축해서 넣는다는 것이다.

터보 차저의 터보는 터빈(turbine)에서 나온 말로 물레방아처럼 원형의 바퀴에 여러 겹의 날개를 달아 유체를 움직이게 하는 것을 말한다. 터보 차저는 배기가스의 버려지는 운동에너지를 이용하여 엔진에 공기를 불어 넣기 때문에 효율이 좋다. 하지만 작동에 시간이 걸려 지연 현상(lag)이 있는 것이 단점이다. 슈퍼 차저도 공기를 불어 넣는 것은 같다. 크랭크축에 직접 연결되어 동력을 얻기에 지연 현상도 없다. 하지만 터보 차저보다 효율은 낮다.

타이타닉을 움직이는 거대한 디젤 엔진

영화 〈타이타닉〉에서 두 주인공은 사람들의 눈을 피해 배의 심장부로 숨어든다. 거기에는 배의 이름처럼 거대한 엔진이 있다. 엔진은 엄청난 소음을 내며 초호화 유람선을 움직이고 있었다. 이처럼 거대한 기계를 움직이는 데 사용되는 것이 디젤 엔진이다. 그렇다면 거대한 배나 중장비에 디젤 엔진이 쓰이는 이유는 무엇일까?

가솔린 엔진과 디젤 엔진은 단지 사용하는 연료만 다른 것이 아니다. 둘은 작동 방식도 다르다. 가솔린 엔진은 혼합기에 점화 플러그를 이용해 불꽃을 튀겨 연소시키지만 디젤 엔진에는 점화 플러그가 없다. 점화 플러그는 2만~3만V의 고전압 방전으로 불꽃을 발생시킨다. 이렇게 고전압이 필요한 이유는 실린더 내부에 고밀도의 혼합기가 있어 전기 저항이 크기 때문이다. 기체 밀도가 낮을수록 방전이 잘 일어나지만 밀도가 높으면 전압이 커야 방전이 일어난다.

자동차 배터리는 12V밖에 되지 않으므로 이렇게 높은 전압을 얻기 위해 상호유도작용을 이용한다. 디젤 엔진의 경우에는 공기를 압축시켜 온도가 높아졌을 때 연료를 분사하여 연소시킨다. 그래서 디젤 엔진에는 점화 플러그가 필요 없는 것이다. 디젤 엔진은 경유가 강한 폭발음을 내면서 연소되기 때문에 소음이 많이 발생한다. 그래서 가솔린 엔진을 장착한 승용차가 일반적으로 더 조용하다.

뜨겁게 세상을 움직이는 열기관(2)

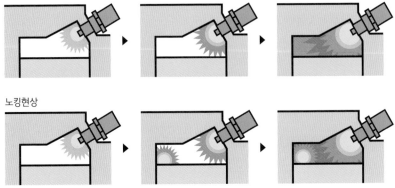

정상연소

노킹현상

가솔린 엔진의 경우는 혼합기의 연소 속도가 초속 20미터 정도로 느리고, 노킹 현상이 생기기 때문에 연소실을 크게 만들기 어렵다. 실린더 직경이 10센티미터가 넘는 것이 거의 없는 가솔린 엔진과 달리 디젤 엔진의 실린더는 1미터가 넘는 것도 있다.

가솔린 엔진은 이상연소에 의한 노킹현상이 일어나기도 한다. 노킹은 점화 플러그에 의해 연소가 일어나지 않고 혼합기가 스스로 발화하여 폭발하는 현상이다. 영화에서 보면 낡은 자동차의 엔진에서 요란한 소리가 나는 것이 노킹현상이다. 이는 오래된 자동차 엔진이 그을음으로 인해 연소실 부피가 줄면서 이상연소를 일으키는 것이다.

피스톤이 올라오는 상태에서 너무 빨리 점화되면 엔진이 멈추거나 손상을 입고, 너무 늦게 일어나면 출력 저하가 발생한다. 최근에는 디젤 엔진의 장점을 딴 가솔린 직분사 엔진(GDI)이 장착된 가솔린 엔진 차량이 많이 등장하고 있다. 가솔린 직분사 엔진은 연료와 공기를 혼합하여 실린더로 분사하는 것이 아니라 디젤 엔진처럼 연료를 직접 분사한다. GDI엔진은 공기를 충분히 공급한 후 연료를 조절하는 방식을 사용하여,

연료 절감에도 효과적이다.

엔진에 사용되는 대표적인 연료는 가솔린과 디젤이다. 가솔린과 디젤은 석유의 증류 과정에서 얻어지는데 특정한 화학식을 가지는 화합물이 아니라 다양한 탄화수소가 모인 혼합물이다. 탄화수소 연료를 사용하는 내연기관은 공해를 발생시킬 수밖에 없는 치명적인 결함을 가지고 있다. 탄화수소가 산소와 완벽하게 결합하여 연소를 할 수 없어 항상 일부는 배기가스로 방출된다.

또한 연료가 제대로 연소되지 않았을 때는 일산화탄소가 발생하며, 질소산화물(NOx, 녹스)도 생긴다. 재미있는 사실은 엔진에서 연료가 제대로 연소되지 않았을 때 발생하는 일산화탄소와 달리 질소산화물은 연소가 잘 일어날수록 더 많이 발생한다. 질소산화물이 연료 속 질소에서 만들어지지 않고, 공기 중 질소와 산소가 결합해 생기기 때문이다. 엔진으로 들어온 공기 속 질소와 산소가 엔진 내부의 높은 열에 의해 화학반응을 일으키고 질소 산화물을 만든다.

세상의 크기를 줄인 내연기관

발명가들이 내연기관으로 단지 땅 위만 달렸을 것이라 생각했다면 그들을 너무 과소평가한 것이다. 오토의 내연기관이 만들어지고 18년 후 내연기관은 라이트 형제의 비행기에 장착되어 하늘을 나는 데 사용되었다. 라이트 형제가 비행에 성공할 수 있었던 것도 결국 작고 성능이 우수한 내연기관이 있었기에 가능했다.

라이트 형제 비행기와 엔진. 동생 오빌이 조종한 라이트 플라이어는 12초 동안 36.5미터를 비행하는 데 성공했다.

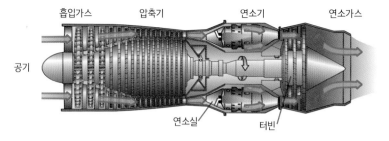

터보제트 엔진

1903년 12월 키티호크에서 역사적인 비행에 사용된 것은 4기통의 12마력 엔진이었다. 자동차의 것과 마찬가지로 체인 스프로킷을 사용해 프로펠러를 회전시키는 방식이었다. 2년 후 라이트 형제는 24마력으로 향상된 엔진을 이용해 비행 거리를 늘렸다. 그들이 성공하고 1차 세계대전 말엽에 비행기는 혁명적 무기로 사용되었고, 1939년에는 새로운 내연기관인 터보제트 엔진을 장착한 제트기가 등장했다.

터보제트 엔진은 연소실 뒤에 터빈이 있는 구조다. 터보제트 엔진은 분출가스의 반작용으로 움직이기 때문에 실린더나 피스톤 같은 구조가 없다. 하지만 터보제트 엔진은 엄연히 엔진 내부에서 연소가 일어나는 내연기관이다. 터보제트 엔진은 공기를 압축하여 연소실로 보낸 후 연소시켜 작동한다.

마찬가지로 로켓 엔진도 터보제트 엔진과 비슷한 구조로 된 내연기관이다. 단지 차이점은 터보제트 엔진은 대기중의 공기를 이용해 연료를 연소시키지만 로켓은 액체산소를 이용한다는 점이다. 그래서 로켓은 공기가 없는 대기권 밖에서도 비행이 가능하다.

최초의 로켓은 1946년에 미국의 뉴멕시코에서 시험 발사되었다. 그리고 1969년에 인류를 최초로 달로 보내는 데 사용된다.

램제트 엔진은 초음속비행에 적합한 엔진이다. 램제트 엔진의 열역학적 사이클은 터보제트 엔진이나 터보프롭 엔진과 근본적인 차이는 없지만 공기의 압축이 공기압축기가 아닌 흡입확산에 의해 이루어진다. 그래서 아음속 비행 시 전체 사이클의 압력비와 열효율이 낮다는 단점이 있다. 로켓추진 엔진은 터보제트, 터보팬, 램제트 같은 도관추진(duck propulsion)과는 추력 발생 메커니즘에서 근본적인 차이를 보인다. 로켓추진 엔진이 추진 장치에 저장된 추진체로부터 추력을 얻는 데 비해 도관추진 엔진은 비행체 주위의 작동유체(공기)를 사용해 추력을 얻는다.

자동차에서 비행기에 이르기까지 아직까지 내연기관은 가장 빠른 교통수단의 심장으로 이용되고 있다. 환경문제로 인해 자동차의 엔진이 모터로 바뀌고 있지만, 내연기관을 통해 인류는 빠르게 이동할 방법을 얻었고, 그만큼 세상의 크기는 줄었다.

✚ 열기관의 효율

열기관의 효율은 공급한 열(Q_1)에서 일(W)로 변환된 양이 많을수록 높다. 열효율은 $e = \dfrac{W}{Q_1} = \dfrac{Q_1 - Q_2}{Q_1} = 1 - \dfrac{Q_2}{Q_1}$ 와 같다. 따라서 공급한 열이 많거나 버리는 열(Q_2)이 적으면 열효율이 높다. 버리는 열이 없다면 열효율은 1이 될 수 있지만 여러 가지 요인으로 불가능하다. 열효율이 100%인 열기관을 만들 수 없다는 것이 열역학 제2법칙이다. 고온의 열원에서 주변으로 항상 열이 빠져나가므로 공급된 열이 모두 일로 변환될 수 없다.

✚ 열과 열의 일당량

영국의 물리학자 줄은 역학적 에너지를 열에너지로 변환하는 실험 장치를 통해 일과 열의 관계를 알아냈다. 줄의 장치는 추가 가지고 있는 중력 퍼텐셜 에너지가 물속의 회전 날개를 회전시킬 때 물과 마찰로 물의 온도를 올리도록 고안되었다. 줄은 이 실험을 통해 1칼로리의 열이 4.2줄의 역학적 에너지에 해당한다는 것을 알아냈다. 열이 일로 바뀌려면 열기관과 같은 장치가 필요하다. 하지만 마찰이 발생하는 곳에서는 별도의 장치가 없어도 역학적 에너지가 열로 바뀐다.

더 읽어봅시다

박영기의 『과학으로 만드는 자동차』
사와타리 쇼지의 『엔진은 이렇게 되어있다』

2부

예술에 빠지다

빛을
품은
유리(1)

· 스테인드글라스에서 판유리까지 ·

유리, 결정, 녹는점, 석영, 열팽창 계수, 스테인드글라스, 판유리, 플로트법

다양한 색깔의 유리 조각으로 장식한 성당의 스테인드글라스는 장엄하고 환상적인 분위기를 연출한다. 외부의 빛이 색유리를 통과하면서 종교적인 신비로움을 자아내기 때문에, 스테인드글라스는 프랑스 샤르트르 대성당 같은 고딕 성당에 많이 활용되었다. 색유리뿐 아니라 각종 유리 공예 작품을 보면 빛을 품은 유리의 아름다움을 느낄 수 있다. 보석과 견주어도 결코 손색이 없다. 하지만 아름다움만 품고 있는 것이 아니다. 유리는 열이나 화학 약품, 충격에도 잘 견디는 팔색조의 매력을 가진 다재다능한 소재다.

유리의 발견

대략 기원전 3000년경부터 유리가 사용되었다고 알려져 있지만 더 오래전부터 사용되었다는 주장도 있다. 1세기경 로마의 플리니우스(Gaius Plinius Secundus, 23~79)가 쓴 『박물지 (Historia Naturalis)』●에는 페니키아●의 천연 소다(Na_2CO_3,

● **박물지** 천문 · 지리에서 인간 · 동물 · 식물 · 광물 · 보석에 이르기까지 약 2만 개의 사항이 상세히 기록된 일종의 백과사전이다.

흑요석

탄산나트륨) 상인이 우연히 유리를 발견했다는 전설 같은 이야기가 전해 내려온다. 그런데 플리니우스도 단지 전해들은 이야기를 기록했을 뿐 이집트인들이 먼저 유리 장식품을 사용하고 있었다. 따라서 유리는 페니키아 상인이 아닌 고대 이집트인이 발견했을 가능성이 크다.

여하튼 인류는 5,000년 전에 유리를 제조하기 시작했지만, 사용은 수만 년 전 구석기시대까지 거슬러 올라간다. 구석기인들이 사용한 석기 중에는 흑요석으로 된 것들이 있다. 흑요석은 석영이 풍부하게 함유된 일종의 천연 유리라고 할 수 있다. 다른 석기에 비해 깨진 면이 날카로워 주로 칼이나 화살촉 등으로 사용되었다. 투명하지 않은 검은색 암석인 흑요석을 유리라고 하면 이상하게 느껴지겠지만, 물질의 상태로 보면 유리로 구분된다.

광물은 원자의 배열 상태에 따라 결정질 광물과 비결정질 광물로 나뉜다. 모든 방향으로 동일한 원자 배열을 갖고, 이것이 반복적인 구조를 보이면 '결정질 광물'이라 한다. 반면에 일부 규칙성을 지니더라도 반복적인 규칙성을 발견할 수 없거나, 원자의 배열 상태가 불규칙하면 '비결정질 광물'이라 한다. 유리는 비결정질 광물로 과냉각 액체라 불리기도 하지만 정확하게 말하면 액체는 아니다. 단지 분자 배열 상태가 액체의 특성을 가진다는 의미이다. 겉보기에는 딱딱한 고체지만, 분자 배열 상

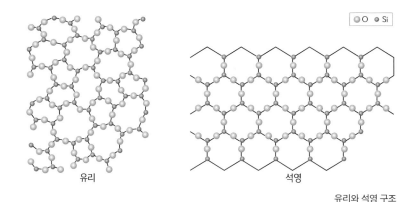

유리   석영

유리와 석영 구조

태는 액체처럼 무질서하기 때문이다.

유리는 열을 조금만 가하면 엿처럼 녹아서 액체와 같은 유동성을 가진다. 얼음은 완전히 녹아서 물이 되어야 유동성을 가지지만, 녹는점이 일정하지 않은 유리는 온도를 높이면 서서히 유동성이 증가하다가 어느 순간 액체로 변한다. 이러한 특성으로 물질을 구분하면 흑요석은 자연 상태에서 볼 수 있는 유리다.

자연에 존재하는 원소 중 90종 이상이 유리 상태가 될 수 있다. 하지만 이 가운데 창문이나 식기에 사용하는 유리는 규사(석영 모래)로 만든다. 규사에는 지표면에서 가장 흔하게 볼 수 있는 광물인 이산화규소(SiO_2)가 풍부하게 들어 있다. 이산화규소로 이루어진 광물을 석영(quartz)이라 하며, 석영 가운데 결정형이 뚜렷한 것을 수정(crystal)이라 한다. 수정은 지하에서 매우 서서히 식으면서 결정이 성장할 시간과 공간을 충분히 갖기 때문에 뚜렷한 결정형을 지닌다.

석영은 장석과 더불어 암석이나 모래의 주요 구성 성분이다. 석영은 규소가 공유결합을 이루고 있어 녹는점이 높고 매우 단단하다. 석영이

유리의 재료로 사용되는 이유는 녹았다가 다시 굳을 때 결정을 형성하지 않고 무질서한 망 조직을 형성하기 때문이다. 따라서 석영은 일단 용융(고체에 열을 가하면 액체가 되는 현상)하면 주변 원자와 다양하게 결합하여 불규칙적인 비결정질 구조를 형성하기가 훨씬 쉽다. 그래서 석영이 이상적인 유리의 재료인 것이다.

다양한 유리의 종류

● 열팽창 계수 열팽창에 의한 물체의 팽창 비율. 보통 일정한 압력하에서 온도가 1℃ 오를 때마다의 부피 증가율로 표시한다.

순수하게 석영만을 고온에서 용융해 만든 유리를 '석영 유리(실리카 유리)'라고 한다. 열팽창 계수●가 낮아 고온에 잘 견디는 대표적인 내열 유리로 꼽힌다. 유리는 열전도도가 낮아서 온도 변화가 크면 안쪽 면과 바깥쪽 면의 팽창률 차이에 의해 깨진다. 즉 유리컵에 뜨거운 물을 담으면 안쪽 면은 팽창하려고 하지만, 바깥쪽 면은 그대로 있으려는 힘의 불균형이 생기는 것이다. 열팽창 계수가 낮을수록 열에 의한 부피 변화가 작아 유리가 잘 깨지지 않는 내열성을 지니게 된다.

또한 석영 유리는 기계적 강도와 화학적 내구성이 뛰어나고, 자외선을 잘 통과시키는 특성도 가지고 있다. 그래서 특수 유리로 분류되어 수은등이나 내열 조리 기구, 전기난로, 우주선 등을 만들 때 흔히 사용된다.

이렇게 우수한 성질을 지니고 있지만 석영만으로 유리를 만들기는 쉽지 않다. 규소의 공유결합 에너지가 너무 커서 제조비가 많이 들기 때문이다. 석영은 녹는점이 1,713℃로 철과 같은 웬만한 금속의 녹는점보다 높아서 금속을 녹이는 도가니로 사용될 정도다.

이렇게 석영의 녹는점이 높다 보니 제조비를 낮추기 위해 소다(Na_2O, 산화나트륨)를 첨가하여 녹는점을 낮추기도 한다. 석영에 소다를 첨가한 '소다규소유리'는 규소의 공유결합이 나트륨의 이온결합으로 대체되어 내구성이 떨어진다는 단점이 있다. 공유결합이 이온결합으로 대체되었기 때문에 물에도 쉽게 녹는다. 이온결합 물질인 소금이 물에 쉽게 녹는 것과 마찬가지다.[*] 이처럼 소다규소유리를 물에 녹인 것을 '물유리(water glass)'라고 한다.

우리가 흔히 보는 창문이나 병 유리는 물유리에 물에 잘 녹지 않는 석회(CaO)를 넣어 만든다. 다시 말해 창문이나 병을 만드는 데 쓰이는 유리[소다석회유리(나트륨석회유리)]는 73% 정도가 석영이며, 나머지는 소다와 석회, 소량의 금속 산화물로 이루어져 있다.

그런데 내구성을 높이기 위해 석회를 넣기는 했지만 여전히 보통 유리에는 10%가 넘는 소다 성분이 들어 있다. 이 소다 성분, 곧 나트륨은 물에 쉽게 녹는 성질을 갖고 있다. 간혹 유리 물병을 오래 쓰면 투명도가 떨어지는 것을 볼 수 있는데, 이는 물에 의해 나트륨이 아주 조금씩 녹기 때문에 생기는 현상이다. 대중목욕탕과 수족관 유리도 마찬가지다. 늘 표면이 물에 닿아 있어, 오래되면 습기에 부식되어 아무리 닦아도 완전히 깨끗해지지 않는다. 한편 유리나 거울은 흔히 종이에 싸서 보관하는데, 이는 깨지거나 흠집이 나지 않게 하기 위한 것도 있지만, 수분으로 인해 유리의 투명도가 떨어지는 것을 방지하기 위해서이기도 하다.

* 물은 이온결합으로 단단하게 달라붙은 나트륨의 양이온과 음이온을 떨어뜨리는 엄청난 능력을 가지고 있다. 전기적 극성을 가진 물분자들이 전하를 가진 이온들을 안정화시키기 때문이다.

● 파이렉스 1916년 미국 코닝 사에서 출시한 붕규산 유리의 상품명.

물론 모든 유리가 같은 조성을 가지고 있는 것은 아니다. 흔히 '파이렉스(Pyrex)'*로 알려진 '붕규산유리'는 소다석회유리보다 열팽창 계수가 낮다. 그래서 전자레인지나 오븐 식기, 실험 기구, 빔 헤드라이트 등 내열 유리가 필요한 곳에 많이 사용된다. 붕규산유리는 규소가 약 81%로 가장 많이 들어 있고, 소다 대신 산화붕소(B_2O_3)가 12%, 그리고 소량의 알루미나(Al_2O_3, 산화알미늄)가 포함되어 있다.

유리, 그 투명함의 비밀

앞서 소개한 유리들 외에 우리 주변에서 많이 볼 수 있는 유리로는 '납유리'가 있다. 광명단(Pb_3O_4, 사산화삼납)을 넣어 만드는 납유리는 밀도가 높아서 엑스선 차단 같은 특수한 용도로 유용하게 쓰인다. 이 밖에도 납유리는 굴절률이 커서, 광학용 유리(렌즈) 등 우리 주변에서 다양하게 쓰인다. 특히 빛을 많이 굴절시켜 화려하게 빛나기 때문에 유리 장식품을 만들 때 사용하며, 모조 보석이나 유리 공예품, 크리스털 유리로 알려진 고급 식기용 유리도 납유리로 만들어진 것이다.

한때 크리스털 유리 속의 납 성분이 컵으로 용출되어 나온다는 뉴스 때문에, 사람들이 고급 와인 잔을 기피하는 일도 있었다. 하지만 그 양은 기준치 이하로 걱정할 수준이 아니다. 그래도 걱정이 된다면 식초 물에 하루쯤 담가둔 뒤 사용하면 된다.

여하튼 납유리는 예부터 보석으로 사용될 정도로 남다른 중후함과 화려함을 갖췄기에 지금도 여전히 고급 식기용 유리로 사랑받고 있다. 여기에 납유리 잔이 사랑받는 이유를 하나 덧붙이자면, 납유리로 만든 잔을 서로 부딪치면 '땡~' 하는 울림이 좋기 때문이다.

일반 유리잔의 경우 서로 충돌하면 그 충격에 의해 유리 속에 존재하는 나트륨이온이 쉽게 그 위치를 바꾼다. 따라서 입자가 부딪칠 때 생긴 탄성에너지가 열에너지로 변환되어 둔탁한 소리가 난다. 하지만 납유리 잔에는 나트륨 대신 무거운 납이 들어 있어 이온의 이동 현상이 적게 발생해 진동이 잘 일어난다. 그래서 경쾌하고 아름다운 소리가 난다.

하지만 납유리가 아무리 굴절률이 크다 해도 투명하지 않았다면 그 화려함을 맘껏 보여줄 수 없었을 것이다. 납유리뿐 아니라 유리의 가장 상징적인 특징은 투명하다는 점이다. 유리 표면이 매끄러워서 투명하다고 생각하는 경우가 있는데, 이는 정확한 내용이 아니다. 물론 투명하기 위해서는 표면이 매끄러워야 한다. 하지만 유리의 매끄러운 표면은 정반사가 일어나서 생기는 것으로, 유리의 투명함을 설명할 수는 없다.

유리가 투명한 이유는 유리를 구성하는 원자들이 가시광선 영역의 전자기파(광자)를 흡수하지 못하기 때문이다. 원자핵 주위를 도는 전자들은 광자를 흡수해 들뜬상태●가 될 수 있다. 하지만 전자들이 모든 광자를 흡수할 수 있는 것은 아니다. 전자는 광자의 에너지를 흡수하여 비어 있는 다음 궤도로 전이할 수 있을 때만 광자를 흡수한다. 그렇지 않을 때는 전자가 광자를 흡수했다가 그대로 방출하고 원래의 궤도로 돌아온다. 즉

● **들뜬상태** 양자론에서 원자나 분자에 있는 전자가 바닥상태에 있다가 외부 자극에 의하여 일정 에너지를 흡수하여 보다 높은 에너지로 이동한 상태.

빛을 품은 유리(1)

판유리를 옆에서 보면 초록색인 것을 확인할 수 있다.

유리에 분포하는 전자의 에너지 준위 간격이 가시광선이 가진 에너지보다 커서, 유리가 가시광선을 전혀 흡수할 수 없다. 하지만 자외선이 가진 에너지는 광자가 가진 에너지보다 크기 때문에 유리에 흡수된다. 이런 이유에서 창문을 닫고 빨래를 말리면 자외선에 의한 살균 효과가 거의 없는 것이다.

유리가 투명한 이유를 이해하면 색유리가 어떻게 색을 띠게 되는지도 쉽게 알 수 있다. 스테인드글라스의 화려한 색도 어떤 파장 영역의 빛을 흡수하는지에 따라 결정된다. 우리는 유리가 완전히 투명하다고 생각하지만 실제로는 옅은 녹색을 띠고 있다. 두꺼운 판유리를 옆에서 보거나 유리를 여러 장 겹쳐놓으면 유리의 녹색을 볼 수 있다.

이는 유리에 소량의 철 이온이 들어 있어 나타나는 현상이다. 철 이온의 전자 에너지 분포가 유리와 달라서, 초록색을 제외한 다른 파장 영역

의 빛을 모두 흡수해 유리가 초록색으로 보인다. 따라서 철 함량이 높을수록 유리는 더 진한 초록색을 띤다. 마찬가지로 스테인드글라스의 아름다운 색도 금속이온에 의한 것이다. 유리 속에 구리나 코발트 이온이 들어 있으면 푸른색으로 보이고, 망가니즈 이온은 자주색, 바나듐 이온은 적색을 띠게 한다.

투명함으로 변화된 세상

중세는 아직 유리 제조 기술이 발달하기 전이라 유리의 두께가 일정하지 않았다. 금속이온이 골고루 섞이지 않거나 착색이 제대로 되지 않아서, 색상도 균일하지 않았다. 이 때문에 빛이 일정하게 굴절되거나 투과되지 않았지만, 오히려 이것이 스테인드글라스를 더욱 신비롭게 만들었다.

　고딕 성당의 스테인드글라스는 화려함과 함께 종교적인 신비로움을 유발하는 효과가 있었다. 7세기 중동에서 시작된 스테인드글라스는 고딕 성당에 많이 사용되었다. 1220년에 재건축된 프랑스 샤르트르 대성당에서 볼 수 있듯이, 그 자체만으로도 예술적 경지에 이른 화려한 성당 창문이 등장했다.

스테인드글라스가 유행한 것은 색유리를 이용한 종교적 표현이 건축물과 잘 어울렸기 때문이지만, 사실 당시에는 커다란 창에 맞는 판유리를 제조할 기술도 없었다. 산업혁명을 거치면서 판유리가 대량 생산되었고, 1851년 제1회 세계만국박람회 대회장이었던 수정궁 덕분에 비로소 중요한 건축 재료로 인정받았다. 당시의 수정궁은 표준화된 조립 공정을 이용해 9개월 만에 완공되어 놀라움을 안겼다. 영국 전체의 판유리 1/3이 사용될 정도로 어마어마한 양의 유리를 1,200명의 기술자들이 일일이 붙여 완성했다고 한다.

이어서 1959년에는 판유리를 제조하는 혁신적인 방법인 플로트법(float process)이 등장해 유리 제조의 새 장을 열었다. '플로트 유리'라는 이름은 용융 주석 위에 녹은 유리가 떠 있는 상태로 식으면서 만들어지기 때문에 붙었다. 용융 주석은 유리에 비해 녹는점이 낮아 약 230℃에서도 녹은 상태로 존재하며, 유리보다 밀도가 높다는 특징이 있다. 따라서 녹은 유리 혼합물은 용융 주석 위에 뜨게 된다. 더 중요한 것은 주석은 금속결합, 유리는 공유결합과 이온결합을 이루고 있어서, 물 위에 기름이 뜨듯이 두 물질이 서로 반응하지 않아 섞이지 않는다는 점이다. 그래서 플로트법을 이용하면 양면 모두 거의 완벽하게 매끈한 판유리를 만들 수 있다.

플로트 유리처럼 우수한 판유리가 등장하자 우리의 생활 모습도 많이

샤르트르 대성당 스테인드글라스

1851년 영국 런던의 만국 박람회를 위해 지은 수정궁은 1936년 화재로 소실되어 현재는 남아 있지 않다.

변했다. 채광이 가능하면서도 방풍과 단열 효과가 우수한 유리 덕분에 현대적인 고층건물이나 아파트가 탄생할 수 있었다. 판테온과 같은 고대 건축물은 천장에 거대한 구멍을 뚫어 채광과 환기 문제를 해결했는데, 지금은 커다란 반투명 산란 유리를 설치해 직사광선을 차단하면서도 자연광이 부드럽게 들어오도록 한다.

물론 건물에 유리를 많이 사용할 경우 단열에 문제가 발생하기도 하지만, 요즘에는 로이유리(Low-E glass)로 어느 정도 해결이 가능하다. 저방사유리(low emissivity glass)라는 의미를 지닌 로이유리는 코팅된 금속 산화물이 적외선을 차단하는 방법으로 열의 출입을 막는다.

유리는 과학의 발달에도 중요한 역할을 했다. 과학의 역사에서 가장 큰 역할을 담당한 현미경·망원경의 렌즈와 반사경도 모두 유리로 만들었다. 렌즈는 서양 과학이 동양 과학을 추월하는 데 결정적인 역할을 했다 해도 과언이 아니다. 렌즈로 미시 세계를 확대하여 세균과 세포를 볼 수 있었기에 생물학은 장족의 발전을 거듭했다. 또한 망원경을 통해 광대한 우주를 관찰하게 되면서, 인간의 사고가 그 어느 때보다 넓고 깊어지는 중요한 계기를 마련할 수 있었다. 한편 유리거울은 인간이 자신의 외모에 관심을 가지게 하는 중요한 역할도 담당했다. 투명해서 잘 드러나지 않지만 유리처럼 소중한 물질이 또 있을지 의문스러울 정도다. 그렇게 유리는 우리 삶 속에 깊숙이 들어와 있다.

〈거울을 보는 할머니〉, 베르나르도 스트로치

✚ 유리로 된 지구

유리의 주성분은 이산화규소다. 이산화규소는 규산염 광물의 주성분이며, 규산염 광물은 지각의 90% 이상을 차지한다. 사실 지구는 하나의 거대한 유리 덩어리다. 그런데 이렇게 불투명한 것은 10%도 안 되는 성분들 때문이다. 규산염 광물이 여러 가지 물질들이 뒤섞이면 볼품없는 흙이나 암석이 되지만, 결정을 이룰 때 불순물이 조금 섞이면 아름다운 색의 보석이 되기도 한다.

✚ 얼음과 유리의 차이

얼음과 유리는 투명하지만 전혀 다른 상태다. 순수한 얼음은 섭씨 $0^{\circ}C$가 되면 어김없이 녹지만 유리는 녹는점이 없다. 순수한 석영은 녹는점이 있는 결정이지만 일단 녹아서 액체 석영이 되면 원래 상태로 돌아가지 못하고 유리가 된다. 석영 결정이 되려면 오랜 시간 동안 서서히 식어야 하므로, 실온에서 녹은 석영은 결정의 상태가 무질서해진 석영유리가 된다. 얼음은 조금만 가열해도 녹지만 석영은 쇠를 녹이는 도가니를 사용해야 할 정도로 녹는점이 높다. 이것은 물 분자 사이의 수소결합보다 이산화규소의 규소와 산소 사이의 공유결합 에너지가 훨씬 크기 때문이다.

더 읽어봅시다

사빈 멜쉬오르 보네의 『거울의 역사』
에릭 살린의 『광물, 역사를 바꾸다』

빛을 품은 유리(1)

빛을
품은
유리(2)

· **강화유리에서 스마트글라스까지** ·

응력, 이온, 반사, 흡수, 광섬유, 굴절률, 전반사, 임계각

영화 <마이너리티 리포트>는 개봉된 지 20년이나 되었지만 가까운 미래 세계에 대한 탁월한 묘사로 여전히 흥미를 끌 다양한 소재가 등장한다. 특히 투명 디스플레이를 현란하게 조작하는 주인공의 모습은 아직도 인상 깊게 느껴질 정도이다. 개봉될 당시만 해도 영화 속 이야기일 뿐이었지만 이제는 투명 디스플레이를 일상에서도 볼 수 있다. 그만큼 기술은 빠르게 발전하고 있다. 자동차나 비행기 앞유리에 다양한 정보가 비칠 뿐 아니라 총알에도 부서지지 않는 유리가 등장했다. 강철보다 강하면서도 다양한 기능을 가진 스마트 유리는 일상 속에서 다양하게 활용되고 있다.

아이언맨의 유리 구두

원래 신데렐라 이야기에서는 그녀의 구두가 보통 구두였지만, 페로 (Charles Perrault)가 지은 이야기에서 유리 구두가 등장한다. 유리는 구두의 재료로는 최악의 소재라 할 수 있지만 깨지기 쉬운 연약한 여성성을

〈유리구두를 신어보는 신데렐라〉, 리처드 레드그레이브

상징하기에는 안성맞춤이었다. 마찬가지로 바닥에 떨어지면 쉽게 깨지는 와인 잔처럼 유리는 약한 소재로 인식되는 경우가 많다.

곧 폭발하는 건물에서 탈출하려는 영화 주인공은 대부분 창문을 선택한다. 하지만 영화 〈화이트 하우스 다운(White House Down, 2013)〉의 대통령 전용 차량처럼 여러 발의 총알을 견디는 강력한 유리창도 있다. 유리에 대한 통념을 깨는 강력한 유리는 어떻게 만드는 것일까?

흔히 유리를 깨지기 쉬운 약한 물질이라고 생각하지만 이것은 잘못된 상식이다. 물론 일상생활에서 유리가 잘 깨지는 것은 사실이지만 이것은 유리의 결합이 약해서가 아니라 유리 표면에 미세한 흠(micro-crack)이 있어서 그렇다.

유리 표면에는 눈에 보이지 않는 흠이 있어 충격이 가해지면 힘이 흠의 선단(tip)에 집중되어 쉽게 깨진다. 과자 봉지를 뜯을 때를 생각해보면 간단히 이해할 수 있다. 과자 봉지의 위아래 쪽은 톱니 모양으로 되어 있고, 측면은 매끄럽게 되어 있다. 분명 같은 재질로 만들었지만 위에서 아래로 찢을 때는 작은 힘으로도 쉽게 봉지가 찢어진다. 하지만 측면에서는 웬만큼 큰 힘으로도 쉽게 찢을 수 없다.

영국 공학자 그리피스

톱니 쪽은 힘이 한곳에 집중되고, 봉지 측면은 여러 분자에 걸쳐 힘이 분산되어 나타나는 현상이다. 유리도 마찬가지로 충격을 주면 흠이 있는 곳에 힘이 집중되어 쉽게 깨진다. 이렇게 균열에 의해 물질이 쉽게 파괴되는 것은 20세기 초 영국 공학자 그리피스(Alan Arnold Griffith)가 발견했다. 그래서 유리를 흠이 없도록 미세한 섬유 형태로 길게 만들면 강도가 크게 증가하며, 진공에서 만들면 강철을 능가할 정도의 강도를 지닌다.

유리가 흠에 의해 쉽게 깨진다는 것은 유리를 자를 때 이용되기도 한다. 유리 자르는 칼로 유리에 흠을 낸 후 힘을 가하면 흠이 난 곳을 기준으로 쉽게 자를 수 있다.

영화나 일상에서 볼 수 있는 강화유리를 제조하는 방법은 여러 가지가 있다. 냉각법은 대장간에서 튼튼한 칼을 만들기 위해 담금질을 하듯 유리를 냉각시켜 강도를 증가시키는 방법이다. 모든 물질은 열을 가하면 팽창하고 냉각되면 수축하는 성질을 지니고 있는데, 유리도 냉각되면 수

축한다. 이 과정에서 분자들 사이에 작용하는 인장력에 의해 금이 생겨 깨지기도 하지만 수축 과정을 잘 이용하면 강화유리를 만들 수 있다.

강화유리를 만들기 위해서는 공기를 불어 유리 표면을 급격히 냉각시키기만 하면 된다. 그러면 표면은 수축하려는 힘에 의해 압축 응력이 생기고, 내부는 아직 냉각되지 않아서 팽창하려는 힘에 의해 인장 응력이 생긴다. 원리는 간단하지만 균일하게 냉각시키기기는 어렵다. 그래서 판유리 모양의 단순한 형태의 강화유리를 만들 때 사용된다.

고릴라와 사파이어

강화유리는 단순히 더 튼튼하게 만들기 위한 목적만 가지지 않는다. 강화유리가 사용되지 않았던 초창기 자동차 유리는 사고 시에 칼날처럼 깨진 조각이 흉기가 되어 운전자와 탑승자를 위협했다. 이와 달리 강화유리는 압축력과 인장력이 평형을 이루고 있어 외부에서 충격이 가해지면 순식간에 작은 조각으로 깨져버린다. 차량 사고가 나면 유리가 산산조각 나 운전자의 상해 위험이 훨씬 줄어든다. 이처럼 충격에 의해 힘의 균형이 깨지면 순식간에 조각이 나기 때문에, 공장에서 출하된 강화유리는 칼로 원하는 모양대로 절단하기 어렵다는 단점이 있다.

강화유리는 화학적 강화법을 이용해 제조하기도 한다. 화학석 강화법은 이온교환법이라고도 하는데, 유리 표면에 있는 일부 이온을 다른 이온으로 교체하여 강도를 증가시키기 때문이다. 즉 유리에 포함되어 있는 나트륨 이온(Na^+)을 크기가 더 큰 칼륨 이온(K^+)으로 교환하여 압축

	플라스틱	미네랄	미네랄 크리스탈	사파이어	사파이어 크리스탈
충격	강함	약함	약함	매우 약함	매우 약함
긁힘	매우 약함	보통	강함	매우 강함	매우 강함
가격	저렴 ◄─────────────────────────► 비쌈				

응력이 생기도록 만든다. 이는 복잡한 지하철에 날씬한 아가씨가 내린 후 덩치 큰 운동선수가 탄 경우와 비슷하다. 이렇게 되면 지하철 승객들은 훨씬 더 큰 힘으로 서로를 밀게 된다.

이렇게 이온의 크기가 커지면 유리 표면에는 압축응력이 발생하면서 강화유리가 된다. 스마트폰의 터치패널용 유리로 유명해진 고릴라 유리가 바로 화학강화유리다. 스마트폰의 경우 더 가볍

거울 은박

고 얇게 만들기 위해 유리의 두께도 줄이고 있다. 최근에는 0.2mm 정도의 얇은 패널유리가 장착되기에 이르렀는데, 이렇게 얇아도 강화유리로 만들어져 쉽게 부서지거나 긁히지 않는다(물론 이것은 보통 유리나 다른 물질에 비해 그렇다는 것이지 폰을 떨어트렸을 때 깨지지 않는다는 의미가 아니다).

최근에는 강화유리보다 3배 강하다고 알려진 사파이어 글라스(크리스탈)가 주목받고 있다. 사파이어 글라스는 인공 사파이어(Al_2O_3)를 얇게 판형으로 만든 것으로 다이아몬드 다음으로 경도가 높아 칼이나 못으로

긁어도 흠집이 생기지 않는다. 현재는 고급 손목시계의 덮개 유리나 스마트폰의 렌즈커버 유리에 사용되고 있지만 앞으로는 스마트폰 터치패널에도 사용될 것으로 보인다.

　더 흥미로운 사실은 유리가 이미 오래전부터 금속을 보호하는 역할을 해왔다는 점이다. 금속이 유리보다 강한데, 쉽게 납득이 되지 않을 것이다. 하지만 거울은 매끄러운 금속면을 보호하기 위해 유리로 코팅한 것이다. 많은 사람들이 거울을 볼 때 유리에서 반사된 빛을 본다고 착각하지만 그것은 오해다. 거울에서 보는 우리 모습은 유리 뒤에 코팅된 은도금에 반사된 빛을 보는 것이다. 유리는 단지 이 도금이 벗겨지는 것을 방지해주는 역할을 할 뿐이다. 같은 유리지만 창문에는 이러한 도금이 없다. 그래서 거울만큼 사람의 모습이 비쳐지지는 않는다.

유리 빛을 느끼다

빛은 다른 매질을 만나면 반사나 흡수, 투과하게 된다. 거울은 빛의 반사를 이용한 것인데, 표면에 유리가 코팅되어 있어 2중 상이 생긴다. 유리 표면에서 반사된 빛에 의한 상과 금속 도금층에서 반사된 상이 생긴다. 하지만 거울을 보면 한 개의 상만 있다고 느껴지는 것은 유리 부분에서 반사된 빛이 5% 정도라서 그 상이 잘 보이지 않기 때문이다. 입을 벌리고 이 끝을 쳐다보면 유리에서 반사된 희미한 상을 관찰할 수 있다.

　유리의 독특한 성질 중 하나는 태양광선을 선택적으로 흡수하고 투과시킬 수 있다는 것이다. 햇빛은 파장에 따라 자외선, 가시광선, 적외선

빛에 반응하는 **포토크로믹유리**

으로 구분할 수 있다. 일반 유리는 유리 내부의 철이온(Fe^{3+})으로 인해 자외선은 흡수하고 가시광선과 적외선은 투과시킨다. 하지만 철이온의 양이 적거나 거의 없는 석영 유리의 경우에는 자외선을 잘 투과시킨다.

여름철의 자외선은 해로운 광선으로 인식되어 있지만 일광소독에 꼭 필요하다. 아파트에서 창문을 닫고 빨래를 널면 자외선 소독 효과는 거의 기대할 수 없다. 자외선이 필요할 때는 창문을 열어야 한다. 유리를 다른 장치와 결합시켜 이러한 기능을 얻기도 한다. 빌딩에 사용되는 스마트 윈도의 경우 상황에 따라 햇빛 투과량을 조절해 조명이나 난방에 활용할 수 있다. 이러한 창문은 두 장의 유리판 사이에 전기가 통할 수 있는 전도성 막을 넣는다. 전기를 이용해 창문 밝기를 조절하여 에너지를 절약하는 것이다.

안경과 같은 렌즈는 빛의 투과를 이용한 것이다. 전통적인 안경 렌즈는 빛을 굴절시키는 역할만 했지만 선글라스는 빛을 흡수하는 역할도 한다(선글라스는 렌즈 표면에 반사 코팅을 하여 빛을 차단하기도 한다). 포토크로믹유리(photo chromic glass)로 만든 안경은 야외에서는 검은색이 나타나 선글라스가 되고, 실내에서는 다시 색이 없어진다. 자외선이 비치면 색이 나타나 검게 되고, 실내에 들어와 자외선이 없어지면 다시 투명해지는 원리이다.

포토크로믹유리가 빛에 반응하는 것처럼 보이는 것은, 사진 필름의

염화은(AgCl)에 빛이 닿으면 검게 되는 것과 같은 원리이다. 다만 사진 필름은 비가역적 반응인 데 비해 포토크로믹유리는 유리 속에서 반응이 가역적으로 계속 일어날 수 있다. 이렇게 유리는 용도에 따라 다양한 파장의 광선을 차단할 수 있게 제조할 수 있어 필터로 사용되기도 한다.

유리, 가장 완벽한 물질

금속에서 '단언컨대 메탈은 가장 완벽한 물질입니다'라는 광고 카피를 소개했다. 스마트폰이 메탈로 만들어졌다고 강조하는 말이지만, 곰곰이 생각해보면 가장 완벽한 물질은 유리일 것이다. 유리로 무엇을 할 수 있는지 생각하는 것보다 무엇을 할 수 없는지 생각하는 것이 빠를 만큼 유리는 다재다능한 능력을 가지고 있다.

유리는 건축, 기계, 전기전자, 의료, 정보통신에서 예술의 영역까지 모든 분야에서 활용된다. 그리고 이제는 스마트 유리(Smart Glass)로―구글의 상품명이 아니다―똑똑하게 진화하기 시작했다. 스스로 깨끗하게 표면이 청소되는 자정유리나 불길을 막아주는 방화유리, 전자파차폐유리 등 다양한 기능을 가진 유리가 제조되고 있다. 하지만 가장 많은 스마트 유리가 사용되는 곳은 디스플레이다. TV에서 스마트폰까지 그 수요는 날이 갈수록 증가하고 있다.

자동차 유리도 방풍이나 시야 확보, 사고 시 운전자 보호 등 새로운 기능이 추가되면서 더욱 스마트해지고 있다. 방담유리는 차량 내외부 온도차에 의해 결로현상이 생기는 것을 막아준다. 물론 지금도 차량 뒷

방담유리

찰스 가오

유리에는 열선이 들어 있어 물방울이 맺히면 열을 가해 사라지게 만들 수 있다. 이럴 경우 전기 에너지를 소모시키기 때문에 방담유리와 같이 에너지를 소모하지 않는 친수유리를 설치하려는 것이다.

친수유리는 물이 방울지는 것이 아니라 퍼져 나가기 때문에 시야를 흐리지 않는다. 발수유리는 친수유리와 반대로 물이 유리와 붙지 않도록 밀어내 방울지게 만들어 중력에 의해 미끄러져 내리게 한다. 또한 차량 HUD(Head Up Display)는 계기판을 보기 위해 시야를 전방에서 다른 곳으로 돌리는 일을 줄여 사고를 막아준다.

오늘날에는 광통신이라는 말이 더 이상 첨단으로 느껴지지 않을 만큼 널리 활용되고 있다. 새로 건설되는 아파트 단지에는 어김없이 광케이블이 설치되며, 대부분의 AV 기기에는 광출력 단자가 있다. 이렇게 광통신이 일반화될 수 있었던 것은 광섬유(optical fiber) 덕분이다.

광섬유는 1966년 미국의 중국계 공학자 찰스 가오(Charles Kun Kao)가 유리섬유를 이용해 빛으로 통신할 수 있다는 논문을 발표하면서 연구가 시작되었다. 가오는 광통신에 대한 업적으로 2009년 노벨 물리학상을 수상한다. 광섬유는 코어와 클래딩으로 되어 있고, 그 외부를 코팅하여 만든다. 빛은 코어를 통해 진행하게 되는데, 코어에서 클래딩으로 입사한 빛은 전반사되기 때문에 계속 진행할 수 있게 된다. 전반사는 굴절률이 큰 매질에서 작은 매질로 빛이 진행할 때 입사각이 임계각보다 큰 경

우에 일어난다.

코어가 클래딩보다 굴절률이 크므로 빛은 전반사되어 손실 없이 광케이블 속을 전파해간다. 물론 광케이블에서도 손실이 발생하는데 이는 전반사에 의한 것이 아니라 섬유 내부의 불순물에 의한 것이다. 플라스틱 광섬유도 있지만 아직까지는 유리 광섬유가 성능이 우수하다.

광섬유를 묶어서 만든 광케이블은 동축케이블에 비해 무게와 가격, 데이터 전송량과 속도 면에서 더 뛰어난 성능을 보일 뿐 아니라 도청 가능성도 낮다. 통신 환경을 한 단계 업그레이드시킨 공로자라고 할 수 있다. 광케이블이 널리 보급되면서 광대역(broadband) 통신도 가능하게 되었다. 광대역 통신은 음성에서 영상까지 여러 주파수 대역의 정보를 동시 전송할 수 있는 통신 기술인데, 빠른 전송 속도가 필수다. 따라서 광케이블이 없다면 광대역 통신도 불가능했을 것이다.

또한 건강진단과 수술에 필수적인 장비가 된 내시경도 광섬유 덕분에 만들 수 있었다. 자유롭게 휘어질 수 있어서 내시경을 통해 몸속을 직접 관찰하고 수술할 수 있게 되었다. 빛을 품을 수 있는 유리 덕분에 인류는 빛을 다양하게 활용하여 문명을 한층 다채롭게 발달시킬 수 있었다.

✚ 방탄유리의 방탄원리

"야 이거 방탄유리야!"라는 유명한 대사와 함께 방탄유리에 대한 관심이 뜨거웠던 때가 있다. 일반적으로 강화유리는 생각보다 튼튼해서 두께만 두꺼우면 어느 정도 방탄효과를 낼 수 있다. 하지만 방탄효과를 얻기 위해 유리를 두껍게 만들면 가격과 무게가 증가하는 문제가 생긴다. 그래서 방탄유리는 유리 사이에 폴리에틸렌으로 만든 관통방지 필름을 붙여서 만든다. 유리와 유리 사이에 필름을 붙여놓으면 회전하는 총알의 운동에너지를 열에너지로 변환시켜 더 이상 투과하지 못하도록 막는다.

✚ 휘어지는 유리

휘어지는 플렉시블 디스플레이에 대한 관심이 뜨겁다. 디스플레이가 휘어지면서 접을 수 있는 폴더블 폰이 대중화되었다. 유리는 투명하고 긁힘에 강하여 디스플레이를 보호하는 소재로 안성맞춤이지만 휘어지지 않아서 플렉시블 디스플레이에는 폴리이미드(Polyimide)라는 플라스틱 필름이 사용되었다. 하지만 휘어지는 유리가 없는 것이 아니다. 초박형 강화유리(UTG: Ultra Thin Glass)는 휘어지지만 유리다! 유리의 두께가 얇으면 유연성이 증가하므로 UTG는 접을 수 있는 폴더폰에 사용된다.

더 읽어봅시다

벤 보버의 『빛 이야기』
윤혜경의 『드디어 빛이 보인다』

빛을 품은 유리(2)

별에서 온
그대를 본
망원경(1)

· 광학 망원경에서 허블 우주 망원경까지 ·

천동설, 지동설, 굴절 망원경, 반사 망원경, 색수차, 코마수차, 세페이드 변광성

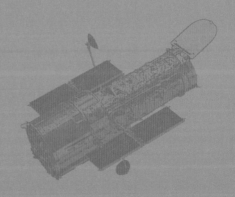

400년 전 지구로 온 도민준은 고향으로 돌아갈 날만 기다리며 지구인들과 더불어 평범한(?) 생활을 하는 외계인이다. 아무리 평범하게 살아가려 해도 외계인의 매력은 숨길 수 없었는지, 도민준의 매력에 콧대 높은 천송이가 그만 푹 빠져버린다. 이런 누나의 모습을 보고 동생 천윤재는 도민준에게 따지러 오지만 그의 집에서 망원경을 보고 오히려 도민준과 친해진다. 몇 년 전 큰 사랑을 받았던 드라마 〈별에서 온 그대〉에 나온 내용이다. 드라마에서처럼 망원경은 많은 이의 사랑을 받으며, 그들을 우주의 황홀한 아름다움 속으로 안내하는 역할을 해오고 있다.

새로운 우주관의 등장

고대 그리스의 천문학자 프톨레마이오스(Klaudios Ptolemaeos, 85?~165?)는 『알마게스트(Almagest)』라는 저서를 통해 '천동설'을 주장했다. 이는 당시 하늘의 움직임을 관측하고 그것을 기하학적인 방법으로 표현하기 위한

프톨레마이오스

노력의 산물이었다. 천동설에 따르면 우주의 중심은 지구이며, 모든 별이 지구 주위를 돌고 있다.

천동설은 프톨레마이오스가 관측 사실을 바탕으로 만든 모델이기 때문에 태양이나 별의 운동을 잘 설명할 수 있었다. 단지 '행성'이라 불리는 5개 별의 운동을 설명하는 것은 쉽지 않았다. '행성(行星, planet)'이라는 이름도 천구에 고정된 다른 별[이를 '항성(恒星, star)'이라 한다]과 달리 그 사이를 떠돌아다니기 때문에 붙여진 것이다.

그는 복잡한 행성의 움직임을 설명하기 위해 주전원이라는 복잡한 원 궤도(행성의 운동 궤도)를 생각해냈다. 그리고 복잡한 수학적 방법을 통해 천동설로 우주의 움직임을 놀랍도록 정확히 묘사했다. 물론 천문 관측을 통해 정밀한 자료를 얻으면 주전원은 끊임없이 수정되었기에 어찌

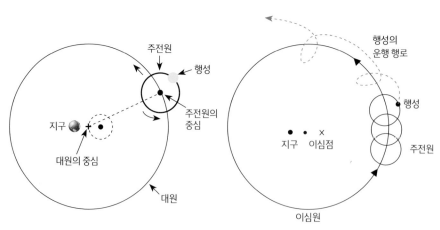

천동설(지구중심설)에 따른 행성의 운동을 설명한 아폴로니우스의 체계(왼쪽)와 프톨레마이오스의 체계.

보면 당연한 결과였다고 할 수 있다. 하지만 지구를 중심으로 정한 잘못된 가정 아래서도, 순행과 역행을 반복하는 행성의 운동을 설명할 수 있는 모형을 만들어냈다는 데에 경의를 표하지 않을 수 없다.

천동설은 수십 개의 원이 그려진 복잡한 모형이 되었지만 오히려 그것이 고대 학자들에게는 더 위대하게 보였던 듯하다. 결국 천동설은 기독교 사상과 결합되어 중세시대에는 도그마(dogma)●가 될 만큼 확고한 우주관으로 자리 잡았다.

● 도그마 독단적인 신념이나 학설. 종교에서는 이성적이고 논리적인 비판과 증명이 허용되지 않는 교리·교의 등을 말한다.

이에 의문을 품고 이의를 제기한 이가 폴란드 천문학자 코페르니쿠스(Copernicus, Nicolaus, 1473~1543)이다. 코페르니쿠스는 태양을 중심으로 정한 '지동설'을 도입하면 주전원 없이도 행성 운동을 잘 설명할 수 있다고 생각했다. 하지만 그는 자신의 이론이 어떤 문제를 일으킬지 잘 알았고 죽기 직전인 1543년이 되어서야 『천체의 회전에 관하여』를 출간했다.

코페르니쿠스의 지동설은 기독교 교리에 어긋난다는 비난과 비판을 받았지만 일부 지식인들을 통해 서서히 퍼져나갔다. 그런데 지동설은 단순하고 혁신적이기는 했지만, 행성의 운동을 프톨레마이오스의 천동설 모델보다 더 정확하게 예측하지는 못했다. 이는 코페르니쿠스가 타원 궤도가 아니라 원 궤도를 도입했기 때문이다. 결국 코페르니쿠스의 책은 교회의 금서(禁書) 목록에 올랐고, 브루노(Giordano Bruno, 1548~1600)●의 화형 사건으로 누구도 공공연히 지동설을 지지하지 못하는 상황에 이르렀다.

● 브루노 이탈리아 출신의 철학자·수학자·천문학자로, 우주의 무한성을 주장하고, 반교회적인 범신론을 논하다가 이단으로 몰렸으나 소신을 굽히지 않아 화형을 당하였다.

당시 유럽 최고의 천문대를 가지고 있던 튀코 브라헤

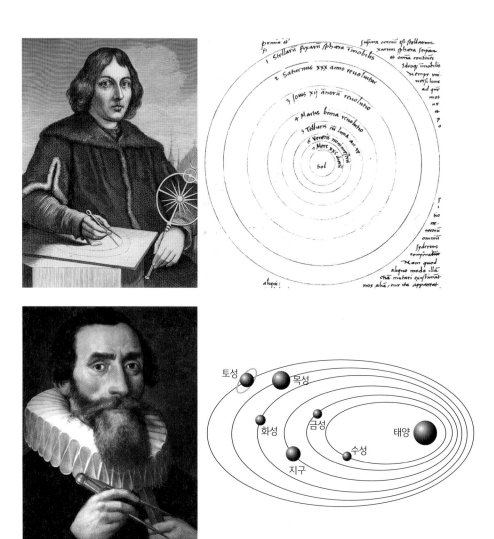

코페르니쿠스의 지동설(위)에서는 행성의 궤도가 원으로 묘사되어 있지만, 케플러 법칙에 따른 태양계 행성의 궤도는 타원형(아래)이다.

(Tycho Brahe, 1546~1601)는 코페르니쿠스의 모형이 정확하지 않다는 사실을 알고 있었다. 튀코는 육안 관측 결과라고는 믿어지지 않을 만큼 상세하고 방대한 행성 관측 자료를 남긴 뛰어난 천문학자다. 하지만 그는 문제를 해결하기 위해 지동설을 수정한 것이 아니라, 천동설을 도입한 일종의 절충설로 회귀하는 오류를 범했다. 지구를 중심으로 태양이 돌고, 태양 주위를 행성들이 도는 모형을 만들었던 것이다.

결국 지동설의 정확도를 높인 사람은 튀코의 조수인 요하네스 케플러(Johannes Kepler, 1571~1630)였다. 튀코의 유언으로 많은 관측 자료를 넘겨받은 케플러는 계산을 통해 행성의 궤도가 원이 아니라 타원이라는 것을 알아냈다. 그리고 1609년 '케플러의 법칙'이 포함된 『신(新)천문학』을 출간했다. 하지만 천동설에 결정타를 날린 이는 그와 동시대를 산 갈릴레오 갈릴레이(Galileo Galilei, 1564~1642)였다.

우연한 발견

1608년 네덜란드의 안경 기술자였던 한스 리퍼세이(Hans Lippershey, 1570~1619)는 렌즈 2개를 가지고 관찰하던 중 멀리 있는 물체를 가깝게 볼 수 있다는 사실을 우연히 발견해 망원경을 만들었다. 그는 이 기구의 특허를 신청했지만, 기록에 따르면 그의 신청은 '이미 널리 알려진 기술'이기 때

한스 리퍼세이

문에 거부당했다고 한다.

이를 볼 때 그 시대에 이미 망원경이 존재했던 듯하다. 리퍼세이가 망원경을 만들었다는 소식을 전해들은 갈릴레이는 1609년에 3배의 배율을 가진 망원경을 만들었다. 사실 리퍼세이를 포함해 많은 사람이 망원경이 가진 군사적 효용 가치는 즉각 알아봤다. 하지만 그것이 과학에 혁명을 일으킬 것이라는 생각은 하지 못했다. 단지 갈릴레이만이 망원경이 천체 관측에 도움을 줄 것이라 생각하고, 밤하늘을 관측하기 시작했다.

갈릴레이는 망원경의 성능을 꾸준히 향상시켜, 구경(口徑, 렌즈나 거울 등의 유효 지름) 38밀리미터, 배율 약 30배의 망원경으로 누구도 본 적이 없는 새로운 세상을 보았다. 바로 신들이 창조한 완벽한 우주에 대한 환상이 깨지는 순간이었다. 그 당시 사람들은 신이 창조한 천체가 가장 완벽한 도형인 매끈한 구로 되어 있다고 생각했다. 하지만 갈릴레이의 눈에 비친 달은 매끈하기는커녕 울퉁불퉁한 모양을 하고 있었고, 지구처럼 산도 있었다. 그리고 목성 주변에 있는 4개의 별은 마치 달이 지구 주위를 돌듯 목성을 따라다니는 듯 보였다. 이것은 지구가 더 이상 우주에서 특별한 위치에 있지 않다는 것을 뜻했다. 갈릴레이는 이러한 관찰 결과를 모아 1610년『별에서 온 메시지』라는 책을 펴내 유명해졌다.

이 책은 과학적으로도 중요한 내용을 담고 있지만, 한편으로는 갈릴레이의 주도면밀함이 잘 드러나 있다. 그는 당시 권력자였넌 메니치 가문의 후원을 얻기 위해, 자신이 발견한 목성의 위성에 '메디치의 별'이라는 이름을 붙여 메디치가에 노골적인 찬사를 보냈던 것이다. 물론 이 위성들은 오늘날에는 '갈릴레이 위성'으로 불리고 있어, 갈릴레이는 메디치

자신이 만든 망원경을 시연하는 갈릴레오.

가의 재정적 후원뿐 아니라 과학적 업적도 모두 인정받은 셈이 되었다.

사실 케플러와 갈릴레이의 책은 모두 지동설을 소재로 삼고 있으며, 비슷한 내용이 담겨 있었다. 하지만 케플러의 책은 어려운 라틴어로 쓰여 있어 별 관심을 끌지 못한 데 비해, 갈릴레이의 책은 이탈리아어로 쉽게 쓰여 있어 대중적으로 엄청난 성공을 거두었다.

이후 갈릴레이는 망원경으로 금성의 위상 변화를 관측해 지동설이 옳다는 또 다른 증거를 찾았다. 금성이 마치 달처럼 여러 가지 모양으로 보인다는 것은 프톨레마이오스의 모형으로는 설명할 수 없었기 때문이다. 그리고 갈릴레이는 은하수가 수많은 별로 이루어졌다는 것을 알아내는 등 망원경이 천문학 연구에 없어서는 안 될 도구라는 사실을 증명했고, 그 뒤 천문학은 400년 동안 비약적인 발전을 거듭했다.

천왕성을 발견한 음악가

갈릴레이 망원경은 대물렌즈로 볼록렌즈를 사용하고, 접안렌즈로 오목렌즈를 사용하는 굴절 망원경이다. 갈릴레이 망원경은 정립상이 만들어지기 때문에 오늘날에도 쌍안경이나 오페라글라스(opera glass)●와 같이 일상생활에서 많이 사용된다. 하지만 배율이 낮고 시야가 좁다는 단점이 있어 천체 관측용으로는 적합하지 않다. 이러한 단점을 극복하기 위해 케플러는 1611년 자신의 저서 『굴절 광학』에서, 접안렌즈로 오목렌즈 대신 볼록렌즈를 사용해 더 높은 배율을 얻는 방법을 제시했다. 이를 통해 케플

● 오페라글라스 쌍안경의 하나. 먼 거리를 보는 데는 적합하지 않으나 통이 짧고 휴대가 편해 연극이나 오페라 등을 관람하는 데 쓰인다.

러 망원경은 갈릴레이 망원경이 지닌 단점을 보완할 수 있었다.

오페라글라스

그러나 케플러 망원경이 굴절 망원경이 지닌 근본적인 문제까지 해결한 것은 아니다. 굴절 망원경은 볼록렌즈를 대물렌즈로 사용하는데, 볼록렌즈는 색수차를 가지고 있다. 색수차는 '렌즈에 의해 물체의 상(像)이 만들어질 때 빛의 색에 따라 굴절률이 다르기 때문에 빛이 한 점에 모이지 않고 번지는 현상'을 말한다. 마치 프리즘을 통과하면 빛이 무지개색으로 나누어지듯, 굴절 망원경은 물체가 색에 따라 번져 보이는 색수차라는 단점을 지니고 있었던 것이다.

색수차는 초점 거리가 짧을수록 크게 나타났기 때문에 케플러 이후 17세기에는 망원경의 길이가 점점 길어졌다. 즉

갈릴레이 망원경

사람들은 렌즈를 얇게 만들어 초점 거리를 길게 하여, 색수차를 없애고 선명한 상을 얻으려 했다. 심지어 독일의 천문학자 헤벨리우스(Johannes Hevelius, 1611~1687)는 초점 거리가 무려 46미터에 이르는 케플러 망원경을 만들었다. 당시에는 이렇게 긴 망원경을 만드는 기술이 없어서 특이하게도 렌즈 사이에 통이 없었다. 관이 없이 대물렌즈가 공중에 매달

별에서 온 그대를 본 망원경(1)

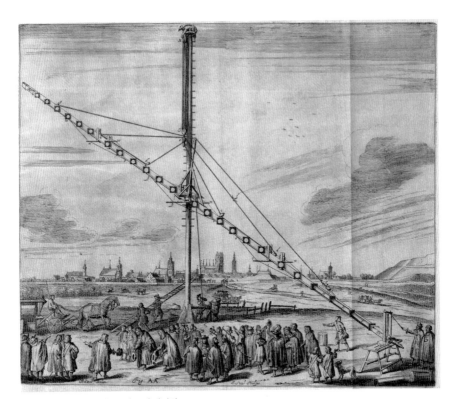

독일의 천문학자 헤벨리우스의 공기 망원경

반사 망원경

려 있는 이런 형태의 굴절 망원경을 공기 망원경(aerial telescope)이라 한다. 하지만 사용이 불편해 큰 인기를 끌지는 못했다.

굴절 망원경이 지닌 근본적인 문제를 해결한 사람은 뉴턴(Sir Isaac Newton, 1642~1727)이다. 뉴턴은 프리즘으로 빛의 스펙트럼을 나누는 실험을 통해 백색광이 다양한 파장을 지니고 있다는 사실을 알아냈다. 그는 색수차를 없애기 위해 렌즈가 아닌 거울을 사용했다. 오목거울도 볼록렌즈와 마찬가지로 빛을 모으는 성질이 있다는 점을 알았기 때문이다.

1671년, 뉴턴은 초점 거리가 16센티미터인 38배 배율의 반사 망원경을 만들어 색수차 문제를 해결했다. 반사 망원경은 빛의 굴절이 아니라 반사 현상을 이용하기 때문에 색수차가 발생하지 않는다. 물론 반사 망원경도 비껴 들어오는 빛에 의해 코마수차●가 나타나는 단점은 있다. 코마수차는 마치 혜성처럼 별에 꼬리가 나타난다고 해서 붙여진 이름이다.

반사 망원경은 단지 색수차 문제만 해결한 것이 아니다. 굴절 망원경의 렌즈는 구경이 커질수록 무게가 급격히 증가한다는 단점이 있다. 게다가 고품질의 유리로 양쪽 면을 모두 연마해야 하기 때문에 제조가 어려웠고 가격도 비쌌다. 따라서 이때부터 대부분의 대구경 망원경은 반사 망원경으로 제조되기 시작했다.

갈릴레이 이후 망원경에 의한 중대한 발견은 독일의 음악가이자 아마추어 천문학자인 윌리엄 허셜(Friedrich William Herschel, 1738~1822)에 의해 일어났다. 허셜은 7년 전쟁● 중 탈영

● 코마수차 물체나 광원이 렌즈의 주축 위에 놓여 있지 않을 때, 비스듬하게 혜성 모양으로 상이 맺히는 현상. 원래 코마는 혜성의 핵 주변을 감싸고 있는 먼지와 가스를 뜻한다.

● 7년 전쟁 1756~1763년에 오스트리아와 프로이센이 슐레지엔 영유권을 놓고 벌인 전쟁. 프로이센이 슐레지엔을 차지하였으며, 프로이센을 지원한 영국은 오스트리아를 지원한 프랑스와의 식민지 전쟁에서 이겨 캐나다와 인도를 얻었다. 현재 슐레지엔은 체코와 폴란드가 나누어 소유하고 있다.

허셜과 망원경

하여 영국으로 건너가 음악가로 활동하면서 천문학에 대한 지식을 쌓았다. 그는 모차르트나 하이든과 동시대 인물로 많은 교향곡과 협주곡을 작곡한 음악가다. 하지만 허셜은 음악가가 아니라 1781년 손수 만든 초점 거리 213센티미터의 대형 반사 망원경으로 천왕성을 발견하면서 천문학자로 역사에 길이 이름을 남겼다. 허셜의 천왕성 발견으로 태양계의 크기는 두 배나 커졌으며, 또 다른 행성을 발견하기 위한 경쟁이 펼쳐졌다.

과거를 보는 망원경

● 색지움 렌즈 빛의 흩어짐에 대한 성질이 다른 둘 이상의 렌즈를 짝지어 두 개 파장의 빛에 대하여 색수차를 제거한 렌즈.

1758년 굴절률이 다른 유리를 결합해 색수차를 제거한 색지움 렌즈●가 발명된 이후, 19세기 초에는 많은 굴절 망원경이 제작되었다. 하지만 20세기에 들어서면서 다시 대구경 반사 망원경의 시대가 활짝 열렸다.

망원경의 성능을 좌우하는 집광력과 분해능은 구경이 클수록 좋다. 망원경의 배율은 대물렌즈의 초점 거리를 접안렌즈의 초점 거리로 나누면 구할 수 있는데, 현미경과 달리 크게 중요하지는 않다. 만일 유효 배율 이상으로 배율을 높이면 상이 희미하게 보여 천체의 특징을 자세히 볼 수 없고, 집광력이 충분할 경우 사진만 확대하면 배율은 얼마든지 높일 수 있기 때문이다. 따라서 모든 천문대에서는 더 큰 구경

하와이 마우나케아 산에 있는 스바루 망원경과 켁Ⅰ, 켁Ⅱ 망원경.

조지 헤일이 설립한 윌슨 산 천문대

의 망원경을 설치하기 위해 노력하고 있다. 망원경의 성능을 높이기 위해서는 설치 장소도 중요하다. 대기의 요동은 분해능을 떨어뜨리는 요인이기 때문에 세계적으로 유명한 천문대는 하와이의 마우나케아 산●처럼 고도가 높고 주변에 빛이 없는 곳에 있다.

● 마우나케아 산 미국 하와이 북동부의 휴화산. 4,205미터의 산 정상에 마우나케아 천문대가 있다.

높이 올라갈수록 별빛이 지구 대기를 통과하는 거리가 짧아져 대기에 의한 영향이 줄어든다고 생각한 미국의 천문학자 조지 E. 헤일(George E. Hale, 1868~1938)은 1904년 캘리포니아의 윌슨 산 정상(해발 고도 약 1,800미터)에 천문대를 건설했다. 그리고 뛰어난 언변으로 로스앤젤레스의 사업가 후커(Hooker)를 설득해 구경 100인치(254센티미터)짜리 반사 망원경을 설치했다. 이어서 그는 자신의 천문대에 허블(Edwin P. Hubble, 1889~1953)과 같은 뛰어난 천문학자들을 영입했다.

윌슨 산 천문대에서 허블은 놀라운 업적을 이루었다. 그는 후커 망원경으로 안드로메다 성운(星雲, 별과 별 사이의 공간에 떠 있는 가스 덩어리와 먼지의 집합체)에 있는 세페이드 변광성●을 관측해, 그 거리가 약 90만 광년이라는 사실을 알아냈다. 당시 천문학계에서 관측한 우리 은하의 크기는 10만 광년에 불과했다. 그렇다면 안드로메다는 우리 은하에 포함된 성운일 수 없었다. 이는 안드로메다가 우리 은하 밖에 있는 외부 은하라는 사실을 의미했고, 그 결과 이때까지 우리가 세상의 전부로만 알고 있던 우리 은하는 평범한, 많은 은하 가운데 하나로 그 지위가 강등되었다.

● 세페이드 변광성 별의 크기가 팽창과 수축을 되풀이하면서 밝기가 변하는 별로, 맥동 변광성의 일종이다. 세페이드 변광성의 주기–광도 관계는 이들 별이 속한 천체의 거리를 구하는 데 유용하게 이용된다.

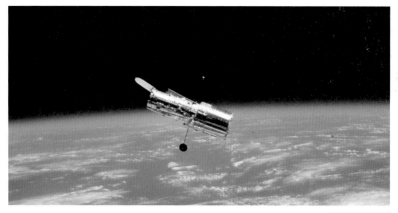

이처럼 허블은 지금까지 인간이 알고 있던 우주를 가장 크게 확대시켰다. 그리고 우주가 팽창하고 있다는 '허블의 법칙'을 발견해, 빅뱅 이론을 탄생시키는 견인차 역할도 했다.

이러한 업적 덕분에 1990년 미국항공우주국(NASA)이 우주 왕복선을 이용해 지구 궤도에 올려놓은, 천체 관측을 위한 우주 망원경에는 '허블'의 이름이 붙여졌다. 허블 우주 망원경(HST, Hubble Space Telescope)은 610킬로미터의 고도에서 90분 주기로 지구 주위를 돌며 우주를 관측한다. 반사경의 크기는 240센티미터에 불과하지만, 지구상에 있는 어떤 망원경도 보여주지 못한 놀라운 천체 사진을 지구로 전송해왔다. 2010년에는 허블 우주 망원경 20주년을 기념하여 그동안의 사진을 모아 책으로 펴냈는데, 그 안에는 별의 탄생에서 죽음에 이르는 우주의 황홀경이 그대로 담겨 있다.

한편 허블 우주 망원경은 우주의 아름다움과 함께 과거의 모습도 우리에게 전해주었다. 2004년, 허블 울트라 딥 필드(Hubble Ultra Deep Field)

별에서 온 그대를 본 망원경(1)

허블 울트라 딥 필드

라고 불리는, 지구에서 130억 광년이나 떨어진 곳에 있는 은하들의 사진이 공개되었다. 이는 허블 우주 망원경이 남쪽 하늘의 별자리인 화로자리 부근을 찍은 사진으로, 2003년 9월 3일부터 2004년 1월 16일까지의 사진들을 조합한 것이다. 이곳에서 빛이 지구까지 오는 데는 130억 년이 걸리기 때문에, 이 사진은 130억 년 전 과거의 우주 모습인 셈이다.

✚ 빛의 굴절

빛은 다른 매질을 만나면 반사되거나 굴절이 일어난다. 굴절률은 한 매질에서 다른 매질로 입사할 때 빛의 전달 속도 비이다. 매질1의 입사각을 i, 매질2의 굴절각이 r일 때 굴절률은 $n_{12} = \dfrac{n_2}{n_1} = \dfrac{\sin i}{\sin r} = \dfrac{v_2}{v_1}$ 이다. 이를 매질1에 대한 매질2의 상대 굴절률이라고 한다. 매질1이 진공일 때의 굴절률을 절대 굴절률이라고 한다. 빛이 다른 매질로 진행하면 전파 속도가 매질에 따라 변하지만 진동수는 변하지 않는다. 따라서 매질이 변하면 빛의 속도와 파장이 달라진다.

✚ 망원경과 대기

지구의 대기는 생물이 살 수 있도록 해주지만, 천문학자들에게는 천체의 관측을 방해하는 방해꾼에 불과하다. 대기의 존재로 인해 구름이 생기고, 비가 오거나 바람이 부는 기상현상이 생겨 관측을 어렵게 만든다. 맑은 날조차 도시의 불빛이 산란되면 관측에 방해된다. 그래서 대부분의 큰 천문대는 도시에서 멀리 떨어진 사막 주변의 산 정상이나 섬에 있는 산꼭대기에 자리한다.

더 읽어봅시다

프레드 왓슨의 『망원경으로 떠나는 4백 년의 여행』
웨이드 로랜드의 『갈릴레오의 치명적 오류』

별에서 온 그대를 본 망원경(1)

별에서 온
그대를 본
망원경(2)

· 전파 망원경에서 케플러 망원경까지 ·

스펙트럼, 도플러 효과, 빅뱅 이론, 우주 배경 복사, 퀘이사, 중력 렌즈

영화 〈콘택트(Contact)〉(1997)는 전파 신호를 통해 외계인과 접촉을 시도하는 과학자의 이야기를 다루고 있다. 이 영화에서 전파 천문학자인 엘리 (조디 포스터 분)는 전파 망원경의 신호를 듣다가 베가(직녀성)에서 온 메시지를 수신하고, 그것이 외계 생명체가 보낸 우주선 설계도라는 사실을 알아낸다. 칼 세이건의 소설 『콘택트』를 원작으로 하는 이 영화 속 이야기는 상상에 불과할 뿐, 아직까지 외계 생명체의 흔적을 발견한 사람은 없다. 하지만 지금 이 순간에도 많은 과학자들은 우주에서 쉴 새 없이 쏟아져 들어오는 수많은 정보를 분석하기 위해 밤잠을 설치고 있다.

별에서 온 바코드

그리스 신화의 헬리오스(로마신화의 아폴론)를 비롯해 힌두교의 수리야와 이집트의 라에 이르기까지, 인간에게 태양은 오랜 세월 동안 신적인 존재이자 숭배의 대상이었다. '일월성신 천지신명'과 같은 말이나 삼족

오(三足烏)*를 신성하게 여겼던 것을 보면 이는 우리의 경우도 크게 다르지 않음을 짐작할 수 있다. 오늘날에도 태양이 지구에 절대적인 영향력을 행사한다는 것에는 변함이 없다. 하지만 우주에서 누리던 그 특별한 지위는 잃고 말았다.

● 삼족오 동양 신화에 나오는, 태양 속에서 산다는 세 발을 가진 까마귀.

태양의 정체는 17세기 말 뉴턴이 색의 정체를 알기 위해 태양빛을 프리즘으로 분해하면서 서서히 밝혀지기 시작했다. 물론 뉴턴은 프리즘으로 태양빛을 분해해 스펙트럼을 얻었지만 그 속에 태양에 대한 화학적 정보가 있다는 사실은 알지 못했다. 하지만 빛 속에 색이 있다는 것을 밝혀냄으로써 광학의 발전에 큰 기여를 했다. 태양으로부터 날아오는 것은 백색광이 아니라, 사실은 무지개였던 셈이다.

1815년, 독일의 물리학자 프라운호퍼(Joseph von Fraunhofer, 1787~1826)도 뉴턴과 마찬가지로 햇빛을 프리즘으로 분해하는 연구를 하고 있었다. 그는 연속적으로 이어지는 스펙트럼 중간에 암선(흡수선)이 존재한다는 사실을 발견하고, 570개가 넘는 선을 일일이 세어서 기록했다.

1860년, 프라운호퍼가 발견한 암선이 기체가 일정한 파장 영역의 빛을 흡수하면서 나타나는 것이라는 사실을 알아낸 사람은 독일 물

독일의 물리학자 프라운호퍼

왼쪽부터 키르히호프와 분젠

리학자 키르히호프(Gustav R. Kirchhoff,
1824~1887)와 분젠(Robert W. Bunsen,
1811~1899)이다. 그리고 1864년부터 별
들의 스펙트럼을 관측하기 시작한 영
국 천문학자 허긴스(William Huggins,
1824~1910)는 이 흡수선과 휘선●을 연

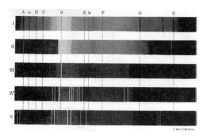

영국 천문학자 허긴스의 스펙트럼

구해 별의 대기 성분을 알아냈다. 즉 스펙트럼을 통해 멀 　　● 휘선 스펙트럼에서 밝게
빛나는 선.
리 떨어진 별과 성운이 어떤 원소로 이루어졌는지 알 수

있게 된 것이다. 마치 상품의 정보를 담고 있는 바코드처럼 스펙트럼의
흡수선과 휘선에는 별의 화학적 정보가 담겨 있다. 이를 통해 별빛과 태
양빛의 스펙트럼이 동일하다는 사실이 밝혀지면서, 태양은 평범한 하나
의 별이 되어버렸다.

　스펙트럼 관측으로 탄생한 천체 분광학은 별의 성분 원소뿐 아니라
별까지의 거리나 운동 상태를 알아내는 데도 활용된다. 1842년 오스
트리아 물리학자 도플러(Christian J. Doppler, 1803~1853)는 파원이나 관

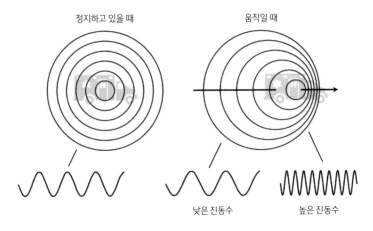

정지하고 있을 때 　　　　　　움직일 때

낮은 진동수　　　높은 진동수

도플러 효과　　　　　　　　　　　　© Shutterstock.com

측자가 운동하면 진동수가 증가하거나 감소하는 도플러 효과(Doppler effect)가 나타난다는 사실을 발견했다.

　도플러 효과는 파원이나 관측자가 서로 가까워지면 진동수가 증가하고, 멀어지면 진동수가 작아지는 현상이다. 일반적으로 전자기파의 가시광선 영역에서는 진동수가 작을수록 (즉 파장이 길수록) 붉게 보인다. 따라서 별의 스펙트럼이 붉은색 쪽으로 치우치는 적색 편이가 나타나면 별이 우리에게서 멀어지고 있음을 의미한다. 이처럼 스펙트럼은 별을 구성하고 있는 성분과 운동 상태를 알려주는 중요한 관측 자료다.

신의 얼굴

망원경의 발명 덕분에 우주에 대한 인간의 지식은 폭발적으로 늘어났지만 우주의 비밀은 쉽게 벗겨지지 않았다. 20세기 초반까지 관측한 결과를 바탕으로, 과학자들은 '정상 우주론'과 '대폭발 우주론'을 유력한 우주론이라 믿고 논쟁을 벌이고 있었다.

영국의 천문학자 프레드 호일(Fred Hoyle, 1915~2001)은 우주가 옛날이나 지금이나 일정한 상태를 유지하고 있다는 정상 우주론을 주장했다. 그는 1949년 미국의 한 라디오 방송에서, "우주가 뜨거운 대폭발(big bang)에서 시작되었다면 그 흔적이 남아 있을 테니 그 우주의 화석을 내게 보여주시오"라며 인터뷰를 했다.

미국 천문학자 조지 가모(George A. Gamow, 1904~1968)의 이론을 비꼬기 위해 빅뱅이라는 용어를 사용한 것이다. 하지만 빅뱅 이론이 인기를 끌면서 오히려 대중에게 확실히 각인되기에 이르렀고, 결국 빅뱅의 흔적이 발견되어 논쟁은 가모의 승리로 끝났다.

가모는 고온 고밀도였던 우주가 팽창하면서 열이 식어, 오늘날에는 절대 영도●에 가까운 2.7K(켈빈. 절대 온도의 단위)에 해당하는 전파의 흔적으로 남아 있을 것이라고 생각했다. 미국 프린스턴대학 연구 팀은 가모의 빅뱅 이론을 믿고

● 절대 영도 절대 온도의 기준 온도. 영하 273.15℃로, 이상 기체의 부피가 이론상 0이 된다.

그 흔적인 '우주 배경 복사'를 찾기 위해 노력했다. 하지만 우주 배경 복사를 발견하는 영광은 엉뚱하게도 벨 연구소의 연구원들에게 돌아갔다.

1964년 벨 연구소의 펜지어스(Arno A. Penzias, 1933~)와 윌슨(Robert W. Wilson, 1936~)은 위성 방송의 간섭 신호를 없애기 위한 연구를 하던 중 정체를 알 수 없는 전파 잡음 때문에 고민하고 있었다. 이 잡음은 안테나를 어느 방향으로 향해도 항상 일정하게 잡혔고, 아무리 없애려 해도 사라지지 않았다. 결국 이들은 프린스턴대학에 이 현상에 대한 문의

를 했고 자신들이 우주 배경 복사를 발견했다는 사실을 알게 되었다. 이 공로로 윌슨과 펜지어스는 1978년에 노벨 물리학상을 수상했다.

사실 우주에서 온 전파를 수신한 것은 이들이 처음은 아니다. 1931년 벨 연구소의 칼 잰스키(Karl G. Jansky, 1905~1950)는 안테나를 시험하던 중 우주의 특정 방향에서 오는 전파를 수신했다. 잰스키는 이 전파가 우주의 어떤 천체에서 날아오는 전파 복사라고 주장했지만 당시에는 천문학자들의 주목을 끌지 못했다. 하지만 잰스키 덕분에 전파로 우주를 관측하는 전파 천문학이라는 새로운 영역이 탄생했고, 우주의 새로운 모습을 알 수 있게 되었다.

한편 1958년에는 네덜란드의 천문학자 얀 오르트(Jan H. Oort, 1900~1992)가 중성 수소(수소 원자)가 내는 21센티미터 파장을 지닌 전파를 관측해 우리 은하의 나선 팔 구조를 밝혀냈다. 21센티미터 전파에는 별의 가장 중요한 구성 성분인 수소 분포를 확인할 수 있는 중요한 정보가 담겨 있기 때문이다.

펜지어스와 윌슨의 발견으로 가모의 주장이 옳다는 사실은 증명됐지만, 이로써 우주의 비밀이 모두 밝혀진 것은 아니었다. 우주가 완벽하게 균일하다면 은하나 별이 생겨날 장소가 없다는 새로운 고민이 생긴 것이다. 은하가 만들어지기 위해서는 밀도 차이가 생겨 중력에 의해 뭉쳐야 하는데, 우주가 완벽한 균일성을 지닌다면 이러한 은하의 탄생을 설명할 수 없다.

이 문제는 1989년 발사된 NASA의 탐사 위성 코비(COBE, Cosmic Background Explorer)에 의해 해결되었다. 코비는 10만 분의 1이라는 정밀도로 우주의 온도를 측정해, 갓 태어난 우주가 완전한 균일 상태가 아니라 미세한 불균일 상태였다는 것을 알아냈다. 코비의 측정으로 알아낸 것은 우주가 탄생한 직후인 빅뱅 38만 년 후의 모습으로, '신의 얼굴을 봤다' 고 평가할 만큼 놀라운 발견이었다. 그 뒤 2001년에는 윌킨슨 마이크로 파 비등방성 탐색기(WMAP, Wilkinson Microwave Anisotropy Probe)가 발사 되어 더욱 정밀한 우주 배경 복사 온도 지도를 얻을 수 있게 되었다.

전파로 본 우주

영화 〈007 골든 아이(GoldenEye, 1995)〉에는 산과 산 사이를 깎아서 만든 거대한 망원경이 등장한다. 영화 속에서나 나올 법한 이 망원경은 푸에 르토리코의 아레시보에 실제로 존재하는 전파 망원경으로, 지금도 천체 관측에 사용되고 있다. 석회암 채취 후 생긴 움푹 패인 땅을 이용해 만 들어진 반경 305미터의 아레시보 전파 망원경은 단일 망원경으로는 세 계에서 가장 큰 규모였다. 하지만 지금은 2020년 운영을 시작한 중국 구 이저우성에 있는 구경 500미터의 톈옌(天眼 · 하늘의 눈)이 최대의 전파 망원경이다.

광학 망원경으로서는 상상할 수 없는 거대한 크기로 전파 망원경을 제작할 수 있었던 이유는, 가시광선에 비해 전파의 파장이 길어 표면이 거칠어도 정반사하기 때문이다. 이는 탁구공(빛)을 조금이라도 표면이 울퉁불퉁한 벽에 던지면 어느 방향으로 튀어 갈지 짐작이 안 되지만, 축 구공은 조금 거친 벽에 던져도 일정한 방향으로 튀어 나가는 것과 같은

아레시보 전파 망원경

극대 배열 전파 망원경

이치다. 또 파장이 길면 반사경을 연마할 필요가 없어 제조가 쉽지만 분해능(피사체의 미세한 상을 재현할 수 있는 렌즈의 능력)이 떨어져 구경을 크게 만들어야 한다.

하지만 아레시보 전파 망원경처럼 안테나(모양 때문에 '접시'라고도 부른다)를 무턱대고 크게 만들기는 어렵다. 그래서 등장한 것이 여러 대의 망원경을 길게 펼쳐놓는 방법으로, 대표적으로는 1981년에 완공된 미국 뉴멕시코의 극대 배열 전파 망원경(VLA, Very Large Array)을 꼽을 수 있다.

VLA의 경우 지름이 25미터인 전파 망원경 27대가 Y자 모양으로 배열되어 있다. 영화 〈콘택트(Contact, 1997)〉에 등장해 더욱 유명해진 이 망원경은 각각의 전파 망원경이 철도 레일 위에 설치되어 있어, 이를 이동시켜 배열을 달리할 수 있다. 망원경을 최대로 펼치면 길이가 무려 36.4킬로미터에 이르는데, 이렇게 넓게 배치하면 구경이 커지는 효과가 있어 분해능이 높아진다. 과거에는 전파 망원경을 연결해야만 동일한 시간에 동일한 대상을 관찰할 수 있기 때문에 함께 모아 두어야 했지만, 지금은 원자 시계●의 등장으로 멀리 떨어져 있어도 해상도를 높일 수 있다.

● 원자 시계 원자나 분자의 고유 진동수가 영구히 변하지 않는다는 것을 이용해 만든 특수 시계. 중력이나 지구의 자전, 온도의 영향을 받지 않으며 그 정확도가 매우 높다.

처녀자리 3C 273 퀘이사

전파 망원경 덕분에 전파 은하나 퀘이사(quasar, quasi-stellar object) 같은 새로운 천체도 찾을 수 있게 되었다. 전파 은

별에서 온 그대를 본 망원경(2)

하는 광학 망원경으로는 평범한 별처럼 보이지만 실제로는 우리 은하 외부에 있는 은하로 매우 강한 전파를 뿜어낸다. 퀘이사는 100억 광년 이상 멀리 떨어진 천체로 우리 은하의 수백 배에 달하는 에너지를 방출하며, 광속의 수십% 속도로 빠르게 멀어지는 것도 있다. 가령 OH471는 광속의 90%로 후퇴한다. 퀘이사는 우주 초기에 존재했던 활동 은하의 핵인데, 그 중심에 거대한 블랙홀이 있어 주변 별을 집어삼키면서 막대한 에너지를 발생시키는 것으로 보인다.

지금까지 지상에 도달하지 않는 다양한 대역의 전자기파를 관측하기 위해 천문학자들은 100대가 넘는 우주 망원경을 우주로 올려 보냈다. 사실 지구 대기를 뚫고 지상에 도달하는 전자기파 파장 대역은 지극히 일부에 불과하다. 가시광선을 제외한 나머지 전자기파는 대부분 지구 대기를 통과하지 못하고, 자외선과 적외선도 적은 양만 통과할 뿐이다. 특히 태양보다 온도가 높은 별들은 자외선을 많이 방출하는데, 자외선은 대부분 오존층에 흡수되어 지구상에서는 관측이 어렵다. 따라서 천문학자들은 지구 대기를 통과하지 못하는 많은 전파를 관측하기 위해 망원경을 대기 밖으로 보낸 것이다.

최초의 우주 망원경인 허블 우주 망원경은 1990년에 우주 왕복선 디스커버리호를 타고 우주로 향했으며, 지금까지도 가시광선과 자외선 영역을 관측하고 있다. 적외선은 대기에 의해 많이 흡수되는 데다가 관측 기기에서 발생하는 적외선에도 영향을 많이 받아서 주로 적외선 천문 위성(IRAS, Infrared Astronomical Satellite, 인공위성 형태의 우주 망원경임)이 관측을 담당한다. IRAS는 망원경의 열이 적외선 카메라 빛을 방해하지

감마선 폭발(상상도)

않도록 액체 헬륨 냉매를 장착시켜 발사됐다.

그 밖에 고에너지 복사선인 엑스선과 감마선을 관측하는 우주 망원경도 있다. 감마선은 초신성 폭발처럼 엄청난 에너지를 뿜어내는 현상에서, 엑스선은 블랙홀에 빨려 들어가는 천체에서 주로 관측되어 이들의 성질을 이해하는 데 큰 도움이 된다. 특히 우주 망원경의 관측을 통해 알아낸 감마선 폭발(GRB, gamma-ray burst)은 수 초에서 수십 초 사이에 태양이 평생 내놓는 양보다 많은 에너지를 방출할 정도로 격렬한 현상이다. 생물 대멸종의 원인이 우리 은하에서 일어난 감마선 폭발에 의한 것이라는 주장이 있을 만큼 이 폭발은 강력하다.

정말 우리뿐인가?

우주 망원경이 발달하면서 새로운 천체들이 발견되고 우주의 비밀은 한 꺼풀씩 벗겨지고 있지만, 새로운 발견이 과학자들을 혼란에 빠뜨리기도

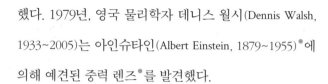

● **아인슈타인** 1915년에 아인슈타인은 일반상대성이론을 통해 빛이 천체의 중력장에 의해 그 경로가 휘어질 것이라는 사실을 예측했다.

● **중력 렌즈** 매우 멀리 떨어진 천체에서 나온 빛이 지구까지 도달하기 전에 은하 및 은하단과 같은 거대한 천체들의 중력장의 영향을 받아 굴절되어 보이는 현상.

했다. 1979년, 영국 물리학자 데니스 월시(Dennis Walsh, 1933~2005)는 아인슈타인(Albert Einstein, 1879~1955)●에 의해 예견된 중력 렌즈●를 발견했다.

1919년 5월 29일 일식 관측을 통해 빛이 중력에 의해 휘어진다는 사실을 알았지만 관측 기술이 없어 중력 렌즈는 사람들의 관심에서 멀어졌다. 그러다가 퀘이사 Q0957+561A와 B가 중력 렌즈에 의해 2개로 보일 뿐, 동일한 천체라는 사실이 밝혀진 것이다. 즉 실제로는 한 개의 천체인데, 중력에 의한 렌즈 효과로 망원경으로 관측할 때는 2개로 보인 것이다. 가장 유명한 중력 렌즈는 페가수스자리에서 관측된 '아인슈타인 십자가'다. 이 중력 렌즈는 약 80억 광년 떨어진 퀘이사 Q2237+0305의 빛이 4억 광년 떨어진 페가수스 은하단에 속한 나선 은하

아인슈타인 십자가

의 핵 부분에 의해 휘어져 형성된 것으로, 상이 4개가 만들어져서 중력 렌즈로 인한 우주의 신기루를 잘 보여준다.

중력 렌즈는 예견된 것이지만, 정말 놀라운 사실은 보이지 않는 물질에 의해 이러한 효과가 나타난다는 점이다. 중력 렌즈를 고려해보니, 우리가 우주에서 관측할 수 있는 부분은 실제로 우주를 구성하고 있는 물질의 겨우 5%밖에 되지 않았다. 나머지 95%의 우주는 정체를 알 수 없

는 암흑 물질과 암흑 에너지로 이루어져 있는 것이다. 암흑 물질은 우리가 알고 있는 어떤 물질과도 상호 작용을 하지 않고, 복사선도 방출하지 않기 때문에 현재로서는 관측할 수 있는 방법이 없다. 단지 중력 렌즈를 통해 그 존재를 추측하고 있을 뿐이다.

갈릴레이는 망원경을 발명해서 지구가 우주에서 특별한 존재라는 믿음을 깨버렸다. 하지만 이것은 시작에 불과했다. 망원경이 발명된 뒤 400여 년 동안 우주에 대한 인간의 지식은 놀라울 정도로 크게 변해왔다. 그리고 이제 우리는 망원경을 통해 이 넓은 우주에 지적인 생명체가 오로지 인간밖에 없는지에 대한 물음의 답을 찾으려 하고 있다. 망원경의 등장으로 이 물음은 더 이상 철학이나 신학의 영역이 아니라 과학의 탐구 영역이 되었다. 생명체를 찾기 위해서는 행성의 존재부터 찾아야 하는데, 외계 행성을 찾는 데 중요한 역할을 한 것이 바로 2009년에 나사(NASA)에서 발사한 '케플러 우주 망원경'이다.

　NASA는 외계 행성을 찾는 케플러 계획을 세우고, 지구와 비슷한 조건의 행성을 찾기 위해 케플러 우주 망원경을 우주로 보냈다. 행성은 항성에 비해 질량이 작고, 스스로 빛을 내지 않기 때문에 직접적인 관측이 어렵다. 행성이 항성의 앞을 지나가면 어두워지므로, 케플러 우주 망원경은 광도계로 이러한 광도 변화를 측정해 행성의 존재 여부를 가려낸다. 하지만 이 값도 워낙 변화가 작아서 컴퓨터로 세밀한 분석 작업을 해야 행성의 존재 여부를 판별할 수 있다. 1992년 최초의 외계행성이 발견된 이래 30년간 5천 개가 넘는 행성들이 확인되었다.

　우주에는 우리 은하 말고도 약 1,000억 개의 은하가 있고, 각각의 은하에는 수백억, 수천억 개의 항성이 존재한다. 그리고 항성 가운데 20% 정도는 행성을 가지고 있을 것으로 추정된다. 따라서 아직 발견되지 않은 행성의 수는 우리가 상상조차 힘들 정도로 많다.

　이 광활한 우주에는 모래알보다 많은 행성이 존재한다고 과학자들은 말한다. 그렇다면 우주에는 정말 우리뿐일까? 이 질문에 대해 천문학자이자 천체 물리학자로 유명한 칼 세이건은 자신의 소설 『콘택트』에 이런 말을 남겼다. "이 우주에서 지구에만 생명체가 존재한다면 엄청난 공간의 낭비다."

✚ 천구와 좌표계

별을 관측하려면 별의 위치를 알아야 한다. 지구의 관측자들에게 별은 가상의 구면인 천구에 위치한 듯 보인다. 천구에 분포한 별의 위치를 표시하는 방법에는 지평 좌표계, 적도 좌표계, 황도 좌표계 등이 있다. 지평 좌표계는 관측지점의 관측자를 중심으로 했고 천체의 위치를 방위각과 고도로 표시한다. 적도 좌표계는 춘분점을 기준으로 적경과 적위로 나타낸다. 지평 좌표계와 달리 적도 좌표계에서 천체의 위치는 고정점이다. 황도 좌표계는 황도를 기준으로 태양계의 행성 위치를 나타낼 때 쓰인다. 천체를 관측할 때는 적도 좌표계가 가장 널리 쓰인다.

✚ 우주로 날아간 망원경

우주 망원경에는 허블 우주 망원경처럼 광학 망원경을 탑재한 것뿐 아니라 지구에서 관측할 수 없는 파장대역을 관측하는 다양한 종류가 있다. 우리나라도 2003년 갈렉스 우주 망원경(GALEX) 개발에 참여한 경험이 있으며, 2003년 과학기술위성 1호에 자외선 우주 망원경인 FIMS(Far Ultraviolet Imaging Spectrograph)를 달았다. 또한 2013년에 발사한 과학기술위성 3호에는 다목적 적외선 영상 시스템인 MIRIS(Multi-purpose IR Imaging System)가 달렸다.

더 읽어봅시다

데이비드 필킨의 『스티븐 호킹의 우주』
칼 세이건의 『코스모스』

미시 세계의
안내자
현미경(1)

· 돋보기에서 원자힘 현미경까지 ·

현미경, 렌즈, 굴절, 회절, 위상, 간섭, 분해능, 편광, 복굴절

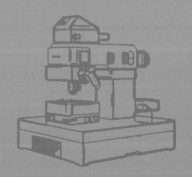

현미경 사진을 통해 본 세상은 우리가 알고 있는 세상과 사뭇 다르다. 하찮은 미물이라 여겼던 곤충의 모습 속에도 다양한 패턴과 아름다운 구조가 숨어 있다. 현미경은 눈으로 볼 수 없는 미시 세계를 탐험하는 데 가장 중요한 도구다. 생물학 연구를 위해 활용되던 현미경이 이제는 의료부터 지질학에 이르기까지 여러 방면의 연구에 없어서는 안 될 장비가 되었다. 특히 나노과학이 등장하면서 현미경은 다양한 과학 영역에서 중요하게 사용되고 있다.

미시 세계로의 여행

몇 년 전 열린 바이오 현미경 사진전에서는 〈가우디의 창문〉이라는 작품이 중·고등부 대상을 받았다. 전자 현미경으로 나비의 날개를 찍은 사진인데, 물론 가우디가 나비의 날개 구조를 본떠 건축물을 지었다는 것은 아니다. 나비의 날개 속에 가우디 건축물과 유사한 구조가 숨어 있다는 사실을 발견한 작가의 상상력이 수상의 주요 요인이다.

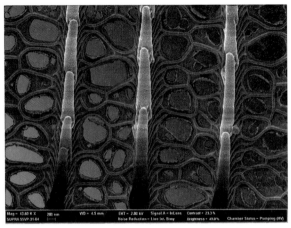

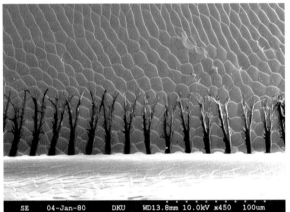

제10회 바이오 현미경 사진전 중·고등부 대상작인 〈가우디의 창문〉(허근영)
과 일반부 대상작인 〈겨울나무 숲〉(김훈). 〈가우디의 창문〉은 나비의 날개를
찍은 것이며, 〈겨울나무 숲〉은 왕녹나무좀이라는 곤충을 찍은 것이다. ⓒ충북대
학교 의학정보센터, 오송바이오진흥재단

이 외에도 바이오 현미경 사진전에 출품된 작품들은 미시 세계의 놀랍고 독특한 모습을 잘 보여준다. 현미경을 통해 본 세상이 눈으로 본 세상과 다른 이유는 미시 세계와 거시 세계에서 요구되는 물리적 특성이 다르기 때문이다. 이렇게 우리의 세상과는 다른 작은 세상인 마이크로 코스모스가 존재한다는 사실을 알게 된 것은 현미경의 발명 덕분이다.

미시 세계로 탐험을 떠나기 위해 필요한 확대 기술은 빛을 굴절시키는 렌즈의 발명에서 시작된다. 렌즈의 발명이나 기원은 알려져 있지 않으나, 13세기쯤 이미 유럽과 중국에서 안경이 널리 사용된 것을 보면 그 역사가 상당히 긴 것으로 보인다. 렌즈가 빛을 굴절시켜 상을 확대하거나 축소할 수 있는 이유는 빛의 속력이 공기 중을 지날 때보다 유리 속을 지날 때 더 느리기 때문이다. 그래서 렌즈의 모양에 따라 빛이 꺾이는 방향이 달라진다.

렌즈는 구면의 모양에 따라 빛을 모으는 '볼록렌즈'와 빛을 발산시키는 '오목렌즈' 두 종류로 분류된다. 1590년 네덜란드의 안경 제조사 한스 얀센 · 자카리아스 얀센 부자는 볼록렌즈 두 개를 경통에 끼워 최초의 현미경을 만들었다. 하지만 아쉽게도 현미경의 특별한 용도를 찾지 못해 과학적 관찰 기록을 남기지는 않았다.

구조가 비슷한 망원경이 천체 관측에 바로 사용되었던 것과 달리, 현미경은 과학적 활용 방안이 쉽게 나오지 않았다. 심지어 현미경으로 생물을 관찰하려는 과학자들은 주변의 비웃음을 사기도 했다. 이런 분위기에서 현미경이 생물학 연구에 얼마나 유용한지를 입증한 데에는 두 명의 '후크(훅)'의 공이 컸다. 한 명은 정식 과학 교육을 받지 못한 포목

레이우엔훅

상 출신의 네덜란드 과학자 레이우엔훅 (Antonie van Leeuwenhoek, 1632~1723)이었다. 레이우엔훅은 한 개의 볼록렌즈만으로 배율이 300배나 되는 경이적인 현미경을 제조했다.

그는 자신이 만든 현미경으로 구정물이나 연못의 물, 입 안의 치태, 자신의 정액에 이르기까지 닥치는 대로 관찰했다. 1674년에는 인류 역사상 최초로 미생물을 관찰하기도 했다. 레이우엔훅은 다른 학자들보다 늦은 나이에 현미경 관찰을 시작했지만 91세로 장수한 덕분에 40여 년간 많은 관찰 기록을 남겼다. 그는 자신이 본 놀라운 작은 세상을『현미경으로 밝혀진 자연의 비밀』(1695)이라는 책에 담아 대중에게 알리기도 했다.

또 한 명의 훅은 영국 물리학자 로버트 훅(Robert Hooke, 1635~1703)이다. 우리가 과학책에서 흔히 보는 최초로 세포를 관찰한 현미경이 훅이 만든 것이다. 훅은『미크로그라피아(Micrographia)』(1667)라는 책을 통해 현미경이 생물 연구에 얼마나 중요한 도구인지를 명확하게 보여주었다. 훅의 현미경은 두 개의 렌즈를 사용한 복합 현미경이었지만, 오히려 배율은 한 개의 렌즈를 사용한 단순 현미경인 레이우엔훅의 것이 더 높았다. 그리고 현미경의 활용 기술 또한 레이우엔훅이 뛰어났다.

하지만 레이우엔훅은 자신만의 현미경 제작법과 활용법을 아무에게도 전수하지 않은 반면, 훅은 복합 현미경을 꾸준히 개량하고 알려서 현

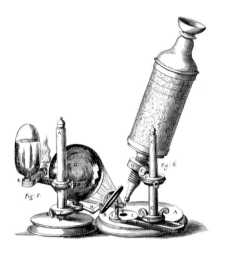

영국 물리학자 로버트 훅과 현미경

미경을 이용한 생물 연구에 많은 영향을 주었다. 과학책에 레이우엔훅의 현미경이 아닌 훅의 것이 실린 이유도 이 때문이다. 물론 보잘것없어 보이는 레이우엔훅의 현미경보다 훅의 현미경이 훨씬 멋있어 보인다는 사실도 이유 중 하나일 것이다.

광학 현미경의 원리와 한계

일반적으로 사용되는 광학 현미경의 가장 단순한 구조는 두 개의 볼록렌즈로 구성된 것이다. 물체 쪽의 볼록렌즈는 '대물렌즈', 눈 쪽의 볼록렌즈는 '접안렌즈'라고 한다. 관찰하려는 물체를 대물렌즈의 초점 밖에 두면, 물체를 통과한 빛이 대물렌즈를 지나면서 확대된 실상이 경통 안에 맺힌다.

경통 안에 맺힌 확대된 실상은 접안렌즈를 통해 다시 한 번 확대되어

미시 세계의 안내자 현미경(1)

우리 눈에 들어오게 된다. 이때 접안렌즈를 통해 우리가 보는 상은 확대된 허상이다.

그렇다면 현미경은 물체를 얼마나 확대할 수 있을까? 현미경의 배율은 대물렌즈의 배율에 접안렌즈의 배율을 곱한 값으로 나타낸다. 이 공식에 따르면 대물렌즈와 접안렌즈의 배율만 높이면 현미경의 배율은 무한정 높일 수 있을 듯싶다. 하지만 실제로 사용되는 현미경의 배율은 대부분 1,000배 정도이며, 2,000배를 넘는 경우는 거의 없다.

이러한 광학 현미경의 한계는 렌즈의 성능이 부족하기 때문이 아니라 빛의 성질에 따른 것이다. 이 같은 사실을 알아낸 사람은 19세기 말 독일 물리학자이자 광학 기술자인 에른스트 아베(Ernst Abbe, 1840~1905)다. 그의 이론에 따르면, 빛의 반 파장보다 더 작은 물체의 경우 '회절'에 의해 상이 흐릿해져 알아보기 어렵다.

회절이란 빛이 작은 구멍이나 얇은 슬릿을 통과할 때 물체의 뒤까지

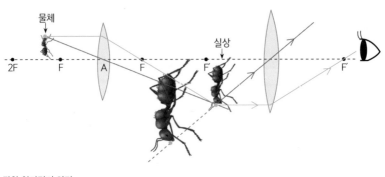

광학 현미경의 원리

휘어져 도달하는 현상을 말한다. 바늘구멍에 레이저를 쏘면 스크린에는 바늘구멍 크기의 밝은 점이 보여야 한다. 하지만 스크린에는 밝은 점이 아니라 동심원의 무늬가 나타나는데, 이는 빛의 회절 현상에 의한 것이다. 결국 가시광선의 파장이 400~700나노미터(nm)라는 점을 고려하면, 바이러스나 유전자(DNA), 생체 분자 등 200나노미터보다 작은 물체는 아무리 고배율의 렌즈를 쓰더라도 분간할 수 없다는 뜻이다.

에른스트 아베

고배율의 현미경이라고 하여도 서로 분리된 두 개의 물체가 흐릿하게 겹쳐 보여 두 물체를 구분할 수 없게 되면 높은 배율로 관찰하는 장점이 사라진다. 아주 가까운 거리에 놓여 있는 두 물체를 렌즈가 분해하는 데에는 한계가 있다는 의미다.

레일리

이처럼 두 점의 광원을 분리해서 구분할 수 있는 능력을 '렌즈의 분해능(resolving power, 해상력)'이라고 부른다. 이 한계를 판단하는 데는 레일리 기준(Rayleigh's criterion)이 활용된다. 레일리 기준은 영국 물리학자 레일리(John W. S. Rayleigh, 1842~1919)가 제안한 두 점광원 사이의 분해 기준으로, 한 회절 무늬 중앙의 밝은 무늬와 다른 회절 무늬의 첫 번째 어두운 무늬가 일치할 때 두 점광원이 간신히 분해될 수 있음을 나타낸다. 즉 이 한계보다 가까이 있는 물체는 두 물

미시 세계의 안내자 현미경(1)

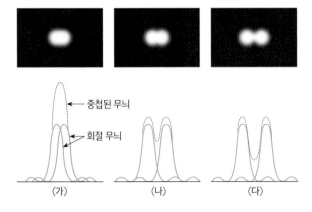

(가)   (나)   (다)

한 회절 무늬 중앙의 밝은 무늬와 다른 회절 무늬의 첫 번째 어두운 무늬가 일치하면 상이 겨우 분해되었다고 한다. 이를 두 상이 분해될 수 있는 조건을 '레일리 기준'이라 한다.

체로 구분되지 않는 것이다.

    사람 눈의 경우 분해능이 약 0.1밀리미터다. 이것은 0.1밀리미터보다 좁은 간격으로 찍힌 두 점은 한 점으로 보인다는 뜻이다. 한편 현미경의 분해능은 사용하는 빛의 파장의 1/2 정도이기 때문에 광학 현미경의 최대 분해능값은 0.2마이크로미터이다.

    결국 기술적으로는 1만 배 배율의 광학 현미경도 만들 수 있지만, 렌즈 분해능의 한계 때문에 그러한 고배율의 광학 현미경은 사용되지 않는다. 더 높은 배율로 바이러스나 분자 같은 아주 작은 물체를 관찰하고 싶을 때는 가시광선보다 파장이 짧은 전자 빔을 이용한 전자 현미경을 사용한다. (전자 현미경은 다음 장에서 자세히 살펴보도록 하자.)

다양한 광학 현미경

엄청난 배율을 자랑하는 전자 현미경이 등장했지만, 크기가 1마이크로미터 정도인 세균이나 세포 소기관은 사용이 간편한 광학 현미경으로도 충분히 관찰할 수 있다. 광학 현미경이라고 하여 단순히 조명 장치를 이용해 시료를 보는 간단한 현미경만 있는 것이 아니다. 원리에 따라 위상차 현미경, 간섭 현미경, 암시야 현미경, 형광 현미경 등 다양한 종류가 있으며, 최근에는 공초점 현미경까지 등장했다.

세포나 세균을 관찰할 때 가장 어려운 점은 투명한 배경 아래 있으면 잘 보이지 않는다는 것이다. 그래서 다양한 염색약을 이용해 시료에 색을 입히는데, 이렇게 하면 세포나 세균이 죽게 될 뿐만 아니라 사용하기도 번거롭다. 이러한 어려움을 해결해준 것이 '위상차 현미경'이다.

물질을 통과하는 빛은 물질의 굴절률 차이로 인해 전파 속도가 달라지면서 원래의 위상과 차이가 생긴다. 위상차 현미경은 이를 명암으로 바꾸어 쉽게 관찰할 수 있도록 도와준다. 따라서 세포를 염색하지 않고도 관찰할 수 있다는 장점 때문에 일반 병원이나 연구실에서 널리 사용된다.

한편 '간섭 현미경'도 위상차 현미경과 마찬가지로 굴절률 차이로 인해 발생한 두 빛의 간섭 현상을 이용한 것이다. 빛의 간섭을 이용해 시료의 요철(凹凸)이나 광학적 두께의 차이를 명암이나 빛깔의 차이로 바꾸어준다.

한편 일반적인 광학 현미경은 배경이 밝아 '명시야 현미경'이라 불리는데, 이와 달리 배경이 어두운 현미경은 '암시야 현미경'이라 한다. 암시야 현미경은 어두운 방에 빛이 들면 빛의 산란에 의해 먼지가 빛나 보이는 틴들 현상을 이용한 것으로, 시료를 비추는 빛만 대물렌즈로 들어오게 한 특수 현미경이다. 특히 어두운 배경 아래 시료만 빛나 보이므로, 염색을 하지 않아도 시료 관찰이 가능하다는 큰 장점이 있다. 주로 미립자나 혈액 속의 지방 입자를 관찰하는 데 사용된다.

그 밖에 파장이 짧은 자외선을 시료에 비추면 형광을 발하는 원리를 이용하여, 시료에 형광 물질(형광 색소)을 처리한 뒤 관찰하는 '형광 현미경'도 있다. 현미경 사진을 보면 어두운 검은색 배경에 시료만 밝게 빛나는 것을 종종 볼 수 있는데, 이것이 형광 현미경으로 촬영한 사진이다. 형광단백질을 가지고 있는 세포나 박테리아를 관찰하기도 하며, 형광 물질을 시료에 흡착시켜 관찰하기도 한다.

광학 현미경 가운데 가장 특이한 것은 '공초점 현미경(confocal microscopy)'으로, 전통적인 광학 현미경의 회절 한계를 극복한 놀라운 현미경이다. 공초점 현미경에는 시료에서 나온 다양한 빛이 들어와 상이 흐려지는 것을 막기 위해, 대물렌즈를 통과한 빛의 경로상에 바늘구멍(pinhole)이 설치되어 있다.

일반 광학 현미경은 물체의 한 점에서 나온 여러 개 빛에 의해 저마다 약간 다른 위치에 상이 맺히지만, 공초점 현미경은 초점을 벗어난 빛을 제거하고 정확한 위치의 빛만 받아들임으로써 이런 단점을 보완한다. 마치 마트에서 바코드를 읽듯이 레이저로 시료 전체를 스캔한 뒤, 시료의 특정 단면을 통과하는 빛(특정 단면의 영상)만 걸러내도록 만든 것이다.

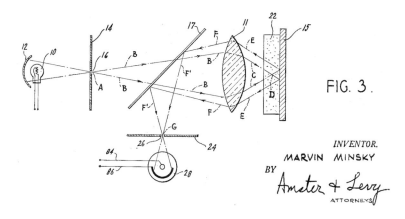

FIG. 3.

INVENTOR.
MARVIN MINSKY
BY
Amster & Levy
ATTORNEYS

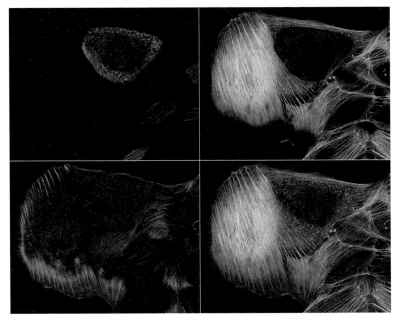

공초점 현미경 모식도와 이미지 예시

광물을 관찰하는 편광 현미경

현미경으로 관찰하는 대상은 생물만 있지 않다. 현미경은 광물을 관찰하는 데에도 유용하다. 광물은 암석을 구성하는 물질로, 암석은 다양한 광물이 섞여 있는 일종의 혼합물이다. 광물을 구분하는 기준에는 여러 가지가 있는데, 현미경을 이용하면 광학적 성질에 따라 이를 구분할 수 있다. 흔히 투명 광물은 0.03밀리미터 정도의 얇은 박편 시료로 만들어 편광●

● 편광 빛의 진동면, 즉 전기장과 자기장의 방향이 항상 일정한 평면에 한정되어 진동하면서 나가는 빛.

현미경으로 관찰하고, 불투명 광물은 매끄럽게 연마한 뒤 반사광을 이용한 반사 현미경(광석 현미경)으로 관찰한다.

1828년 영국 물리학자 윌리엄 니콜(William Nicol, 1768~1851)이 방해석을 이용해 편광 프리즘(편광을 발생시키거나 검출하는 데 쓰이는 프리즘)을 만들면서, 광물을 분석할 때 편광 현미경을 사용하게 되었다.

영국 물리학자 윌리엄 니콜

편광 현미경의 기본 구조는 생물 관찰에 사용되는 광학 현미경과 비슷하다. 단지 이름에서 알 수 있듯이 두 개의 편광판이 추가된다는 것과 재물대를 회전시킬 수 있다는 점이 다를 뿐이다.

따라서 편광판 두 개를 준비하고 재물대를 회전시키면 일반 광학 현미경으로도 광물을 관찰할 수는 있다. 재물대 아래에 있는 편광판을 하부 니콜 또는 편광자(polarizer)라고 하며, 위쪽에 있는 것은 상부 니콜 또는 검광자(analyzer)라고 한다.

전자기파의 일종인 빛은 전기장과 자기장이 서로 수직으로 진동하면서 진행하는 횡파다. 자연광의 경우 빛은 사방으로 진동하는데, 편광의 경우에는 특정 방향(한 방향)으로만 진동한다. 이때 편광자와 검광자는 보통 편광면이 서로 수직으로 어긋나게 놓이는데, 이 경우 재물대에 시료가 없으면 편광자를 통과한 직선 편광이 검광자를 통과할 수 없어 시야가 어두워진다. 이 상태에서 광물을 올려놓고 재물대를 회전시키면, 광물을 통과한 빛이 경로에 따라 흡수되는 정도가 다르기 때문에 어두워졌다 밝아졌다 하면서 광물의 색깔이 달라진다.

● **벽개** 광물이 외부 충격을 받아 일정한 방향으로만 틈이 생기고 평탄한 면을 보이며 쪼개지는 일. 원자 사이의 결합력이 일정하지 않기 때문에 생긴다.

편광 현미경으로는 광물 결정의 모양은 물론 광물의 색, 벽개*, 결정면 등 다양한 특성을 관찰할 수 있다. 광물은 화학 성분이 같더라도 형성될 당시의 조건에 따라 결정면의 발달 정도가 다르다. 편광 현미경으로 관찰하면 광물에 따라 결정면이 다르게 나타나므로, 이를 바탕으로 광물을 구별할 수 있다.

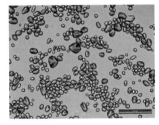

감자전분(편광현미경, 100배)

광물을 구성하는 물질들은 굴절률이 같은 경우(광학적 등방체)도 있지만, 방향에 따라 굴절률이 다르게 나타나는 경우(광학적 이방체)도 있다. 방향에 따라 굴절률이 다르게 나타나는 광물은 '복굴절'이라는 특성을

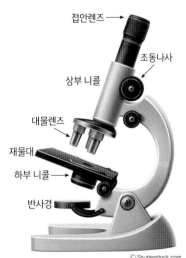

접안렌즈 →

조동나사

상부 니콜

대물렌즈

재물대

하부 니콜 →

반사경

© Shutterstock.com

미시 세계의 안내자 현미경(1)

광학적 이방체는 다양한 색깔의 간섭색을 볼 수 있다. ⓒ instagram(hyo_ro_rok)

나타낸다. 복굴절은 방향에 따라 굴절률이 다른 결정체에 입사한 빛이, 방향이 다른 두 개의 굴절광으로 굴절되는 현상을 말한다. 복굴절을 설명할 때 교과서에서는 방해석을 예로 들기 때문에, 이것이 방해석에서만 나타나는 독특한 현상으로 오해하는 학생들이 많다. 그런데 이는 많은 광물에서 나타나는 현상으로 단지 방해석에서 특징적으로 잘 드러날 뿐이다.

굴절률이 같은 등방성 광물을 편광 현미경으로 관찰하면 별다른 색상이 나타나지 않지만, 복굴절 현상이 나타나는 이방성 광물에서는 다양한 색상을 볼 수 있다. 이는 굴절률이 다른 광물을 통과할 때 생기는 빛의 경로 차로 인해 간섭 현상이 일어나기 때문이다. 이때 나타나는 간섭색으로 우리는 관찰하는 광물이 무엇인지 쉽게 알 수 있다. 이방성 광물을 편광 현미경으로 관찰하면 마치 보석처럼 아름답게 보인다. 굳이 보석이 아니더라도 평범한 돌이 가지는 화려한 무늬와 색상에 감탄사를 연발하게 될 것이다.

✚ 고배율이 될 때의 변화

광학 현미경의 배율이 높아지면 상의 크기가 커져서 대상을 더 자세히 관찰할 수 있다. 하지만 배율이 커지면 대상이 확대되므로 시야가 좁아지고, 상이 어둡게 보인다. 고배율인 대물렌즈는 경통의 길이가 더 길어서 시료와 렌즈 사이의 작동 거리가 짧아진다. 어둡고 좁은 부분만 보기 때문에 반사경은 평면거울보다 빛을 모으는 오목거울로 된 것을 사용한다.

✚ 세포의 크기 측정

광학 현미경으로 시료를 관찰하다 보면 크기를 측정해야 할 경우가 생긴다. 이때는 대물 마이크로미터와 접안 마이크로미터라는 자를 사용하면 된다. 대물 마이크로미터는 한 눈금이 10마이크로미터로 정해져 있어 측정이 간단하지만 눈금을 읽기가 힘들다. 하지만 회전이 가능한 접안 마이크로미터와 대물 마이크로미터의 눈금 수를 비교해서 측정하면 된다. 즉 대물 마이크로미터 한 칸에 접안 마이크로미터 4칸이 들어갔다면 접안 마이크로미터 한 칸은 2.5마이크로미터가 되므로, 접안 마이크로미터 눈금을 읽으면 시료의 크기 측정이 가능하다.

더 읽어봅시다

나노기술연구협의회 등의 『재미있는 나노 과학 기술 여행』
홍영식의 『웰컴 투 더 마이크로 월드』

미시 세계의 안내자 현미경(1)

미시 세계의
안내자
현미경(2)

· 전자 현미경에서 원자 현미경까지 ·

전자 현미경, 자기 렌즈, 원자 현미경, 양자 터널 효과, 나노

생물학 발전에 큰 영향을 미친 광학 현미경은 오늘날에도 여전히 생물학과 의학을 연구하는 데에 필수적인 장비로 활용되고 있다. 하지만 세균보다 작은 바이러스나 생명공학의 기본이 되는 단백질을 연구하기 위해서는 배율이 더 높은 현미경이 필요하다. 이를 위해 개발된 것이 제2세대인 전자 현미경과 제3세대인 원자 현미경이다. 특히 광학 현미경과 전자 현미경의 배율은 각각 최고 수천 배, 수십만 배인 데 비해, 원자 현미경은 최고 수천만 배까지 가능해 나노 산업 발전에 큰 영향을 미쳤다.

전자 현미경이 등장하기까지

광학 현미경 하면 왠지 전자 현미경에 비해 성능이 많이 떨어질 것처럼 생각되지만, 세균과 같은 미생물이나 생물의 조직을 관찰하는 데는 큰 어려움이 없다. 게다가 조작도 간편해 여전히 세계적으로 가장 널리 사용되는 것이 광학 현미경이다. 하지만 세균보다 작은 바이러스나 세포

J. J. 톰슨

내 소기관을 관찰하기 위해서는 광학 현미경보다 뛰어난 해상도를 가진 전자 현미경이 필요하다. 전자 현미경은 광학 현미경과 달리 구조가 복잡해, 많은 과학자의 손을 거친 후에야 등장할 수 있었다.

광학 현미경이 렌즈의 발명에서 시작되었다면, 전자 현미경은 전자의 발견에서 시작된다. 전자는 1899년 영국 물리학자 J. J. 톰슨(Joseph John Thomson)에 의해 발견되었다. 그 당시만 해도 과학자들은 원자가 더 이상 분해되지 않는 기본 입자라 생각했다. 이런 상황에서 J. J. 톰슨은 전자를 발견하고 새로운 원자 모형인 '건포도 푸딩 모형'(양전하를 띤 원자 속에 전자가 박혀 있는 모형)을 제시했다. 그리고 전기장으로 음극선을 휘게 하는 데 성공하면서, 음극선이 파동이 아닌 입자라는 강력한 증거를 제시하였다.

J. J. 톰슨이 전자의 입자성을 증명한 뒤, 이번엔 빛의 입자성이 새롭게 밝혀졌다. 1801년 토머스 영(Thomas Young)의 '이중 슬릿에 의한 간섭 실험' 이후 물리학자들은 당연히 빛을 입자가 아닌 파동이라 여기고 있었다. 그러나 빛을 쬐어주면 금속 표면에서 전자가 튀어나오는 '광전 효과'는 파동설로는 설명할 수 없었다. 이를 '빛은 진동수에 비례하는 광양자라는 알갱이로 이루어졌다'는 광양자설로 명쾌하게 설명해낸 사람이 아인슈타인이다. 아인슈타인은 광양자설을 통해 광전 효과가 광자와 전자라고 하는 입자들 사이의 충돌이라고 설명했다. 그렇다면 빛이 파

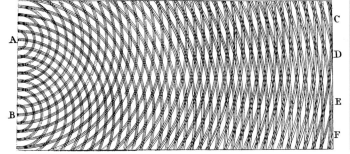

토머스 영의 이중 슬릿에 의한 간섭 실험

동이라는 증거로 제시된 영의 간섭무늬 실험은 어떻게 된 것일까? 이 두 가지 현상을 모두 설명하려면 빛이 파동과 입자의 성질을 동시에 지니고 있다고 가정해야 한다. 이를 빛의 이중성이라고 한다.

그런데 이번에는 프랑스 물리학자 루이 드브로이(Louis Victor de Broglie)가 '입자도 파동적 성질을 지녔다'는 물질파 이론을 들고 나왔다. 만약 드브로이의 물질파 이론이 옳다면, 입자인 전자에서도 파동적 성질인 간섭과 회절* 현상이 관찰되어야 했다.

1927년, 미국 과학자 데이비슨(Clinton J. Davisson)과 거머(Lester Germer)는 전자를 이용해 회절 무늬를 얻는 데 성공했다. 이 실험은 J. J. 톰슨의 아들인 G. P. 톰슨(George Paget Thomson)의 전자기파 회절 실험과 더불어 전자가 파동성을 가졌다는 증거로 인정되었다. 데이비슨과 거머, G. P. 톰슨은 전자의 파동성을 실험적으로 증명한 업적으로 1937년 노벨 물리학상을 수상했다.*

이제 전자가 파동성을 지닌다는 사실이 입증되었으므로 렌즈를 이용해 현미경만 만들면 전자 현미경이 탄생할 듯했다. 그런데 여기서 문제

● 회절 파동의 전파가 장애물 때문에 일부 차단되었을 때, 파동이 장애물 뒤쪽으로 돌아 들어가는 현상.

● 아버지 J. J. 톰슨은 전자의 입자성을 발견하여 1906년에, 아들 G. P. 톰슨은 전자의 파동성을 발견하여 1937년에 노벨 물리학상을 수상하는 놀라운 기록을 세웠다.

미시 세계의 안내자 현미경(2)

투과 전자 현미경

가 생겼다. 전자는 빛과 달리 유리 렌즈로는 굴절되지 않았던 것이다. 그래서 등장한 것이 '자기 렌즈'(자기장을 이용한 자기장형 전자 렌즈를 말함)다. 자기 렌즈는 진짜 렌즈가 아니라 자기장으로 이루어진 렌즈로, 빛을 모으는 볼록 렌즈와 비슷하게 전자 빔(전자총에서 나오는 속도가 거의 균일한 전자의 연속적 흐름)을 모으는 역할을 한다.

이처럼 자기 렌즈를 연구하여 세계 최초로 '투과 전자 현미경(TEM, Transmission Electron Microscope)'을 발명한 이들이 바로 독일의 물리학자 루스카(Ernst A. F. Ruska)와 크놀(Max Knoll)이다. 그들이 처음 만든 전자 현미경은 배율이 겨우 400배에 지나지 않았다. 그렇지만 두 사람은 이를 꾸준히 개선해서 2년 뒤 1만 배의 고배율 현미경을 탄생시켜 전자 현미경의 효용성을 입증했다. 루스카는 전자 현미경을 발명한 업적으로 1986년에 노벨 물리학상을 수상했다.

● 크놀은 1969년에 사망했기 때문에 노벨 물리학상을 받지 못했다. 노벨상은 원칙적으로 살아 있는 사람에게만 수여된다.

20세기 최고의 발명품, 전자 현미경

전자 현미경은 빛으로는 볼 수 없는 세계를 보게 해주었다. 세포의 미토콘드리아나 리보솜 같은 세포 내 소기관은 물론, 백혈구나 적혈구의 표

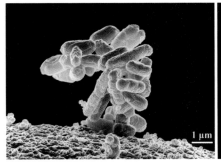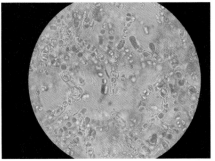

전자 현미경 미생물 모습

면까지 볼 수 있게 된 것이다. 그뿐 아니라 전자 현미경은 현미경의 활용 범위를 생물학에서 화학과 물리학으로 넓히는 중요한 역할도 했다. 20세기의 가장 놀라운 발명품으로 일컬어지는 전자 현미경의 구조에 대해 더 자세히 살펴보자.

빛을 광원으로 사용하는 광학 현미경과 달리 전자 현미경은 눈에 보이지 않는 전자 빔을 이용한다. 전자는 공기와 충돌하면 에너지가 소실되거나 굴절되는 등 원하는 대로 제어하기가 어려워 전자 현미경의 내부는 진공 상태로 되어 있다. 또 광학 현미경은 시료를 그대로 확대해 눈으로 볼 수 있지만, 전자 현미경은 형광판이나 모니터로 상을 보아야 한다. 모니터의 상은 음영 정보밖에 없어 흑백으로 표현된다.

전자 빔은 현미경 위쪽의 전자총 내부에 있는 텅스텐 필라멘트에서 만들어진다. 텅스텐 필라멘트에 전류를 흘려주면 열에 의해 열전자가 연속적으로 방출되는데, 이것이 전자 빔이다. 그러면 자기 렌즈는 튀어나온 전자를 집속(빛이 한군데로 모이는 일)한다. 이때 전자를 가속시키기 위해 걸어주는 가속 전압에 따라 전자의 파장이 달라진다. 가속 전압이

미시 세계의 안내자 현미경(2)

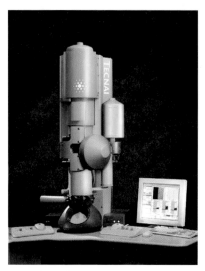

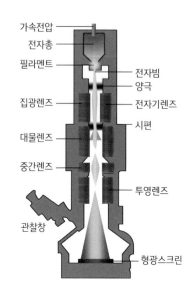

가속전압
전자총
필라멘트
전자빔
양극
집광렌즈
전자기렌즈
대물렌즈
시편
중간렌즈
투영렌즈
관찰창
형광스크린

투과 전자 현미경

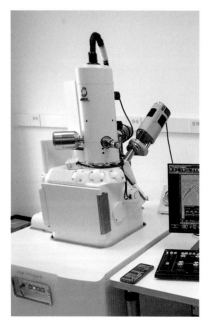

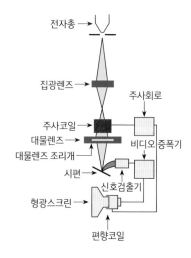

전자총
집광렌즈
주사회로
주사코일
대물렌즈
비디오 증폭기
대물렌즈 조리개
시편
신호검출기
형광스크린
편향코일

주사 전자 현미경

높을수록 전자의 속력은 빨라지고 파장은 작아진다. 따라서 전압이 높으면 현미경의 분해능*은 커지지만, 뛰어난 해상도를 지닌 사진을 얻기 위해서는 가속 전압을 일정하게 유지하는 것이 중요하다.

전자 현미경의 배율은 광학 현미경처럼 렌즈로 조절하는 것이 아니라, 가속 전압을 높이거나 낮추어 자기 렌즈의 코일에 흐르는 전류의 세기를 조절해 변화시킨다. 전자 현미경이라고 해서 수십만 배의 고배율로만 관찰할 수 있는 것은 아니다. 전자의 파장을 조절하면 100배 이하의 저배율로도 시료를 관찰할 수 있다.

전자 현미경은 크게 '투과 전자 현미경'과 '주사 전자 현미경(SEM, Scanning Electron Microscope)'으로 구분할 수 있다. 투과 전자 현미경은 말 그대로 전자가 얇은 박편의 시료를 통과하면서 물체를 확대해 보여준다. 유리 렌즈 대신 자기 렌즈를 사용한다는 점만 빼면 사실상 광학 현미경과 원리가 비슷하다.

한편 주사 전자 현미경은 시료 전체에 순차적으로 전자 빔을 쪼인 뒤 튀어나오는 전자들을 관찰하는 방식을 이용한다. 시료 표면의 요철에 따라 전자들이 산란되기 때문에 투과 전자 현미경이나 광학 현미경보다 심도가 깊다. 심도가 깊다는 것은 초점이 맞는 폭이 넓어 3차원의 입체 상을 볼 수 있는 뜻이다.

주사 현미경의 경우, 음극선관에서 방출된 전자들은 자기 렌즈를 지나면서 좁은 영역으로 집속된다. 즉 자기 렌즈는 광학 렌즈처럼 상을 확대하기 위한 것이 아니라, 전자 빔을 좁게 집속하여 분해능을 증가시키는 데 이용된다. 이렇게 좁은 영역에 모인 전자 빔(1차 전자)을 시료에 쪼이면, 전자(2차 전자)들이 시료의 정보를 가지고 튀어나온다. 2차 전자를 통해 물체 표면의 모양을 관찰하는 것뿐만 아니라, 물체를 구성하는 원소나 화합물의 종류, 양도 분석할 수 있다.

이때 얻은 정보를 신호 검출기와 비디오 증폭기(전압·전류의 진폭을 늘여 감도(感度)를 좋게 하는 장치)를 사용하여 증폭한 뒤 컴퓨터로 보내면 확대된 영상을 볼 수 있다.

나노 세계의 안내자, 원자 현미경

바이러스는 물론 DNA까지 볼 수 있는 전자 현미경 덕택에 생물학은 비약적인 발전을 거듭했다. 하지만 과학자들의 호기심은 여기서 그치지 않았다. 과학자들은 더 작은 나노(nano)● 세계를 탐험하기 위해 끊임없이 노력했다. 나노 세계를 탐험하기 위해서는 분자나 원자 단위의 극미세 세계를 들여다볼 수 있어야 했지만, 전자 현미경으로는 관찰이 어려웠다. 그래서 등장한 것이 제3세대 현미경으로 불리는 '원자 현미경(SPM, Scanning Probe Microscope)'이다.

● 나노 10억 분의 1을 나타내는 단위로, 고대 그리스에서 난쟁이를 뜻하는 나노스(nanos)란 말에서 유래됐다. 1나노미터(nm)라고 하면 10억 분의 1미터 길이, 즉 머리카락의 1만 분의 1이 되는 초미세의 세계가 된다. 이를테면 원자 3~4개가 들어갈 정도의 크기다.

원자 현미경은 1980년 스위스 취리히에 있는 IBM 연구소의 물리학자 비니히(Gerd Binnig)와 로러(Heinrich Rohrer)가 발명했는데, 이 공로로 두 사람은 전자 현미경을 발명한 루스카와 함께 1986년에 노벨 물리학상을 받았다. 원자 현미경은 불가능의 영역이라고 생각되었던 원자를 볼 수 있게 해준 획기적 발명품이었다.

원자 현미경은 광학 현미경이나 전자 현미경과는 전혀 다른 원리와 구조를 가지고 있다. 원자 현미경은 마치 LP 레코드를 재생하기 위해 바늘이 레코드 홈 사이를 지나가는 것처럼 탐침(probe)을 통해 시료의 표면을 직접 읽어나간다. 곧 빛이나 전자를 시료에 쏘아 그 정보를 읽는 것이 아니라, 직접 물질의 표면을 더듬어서 정보를 얻는다.

그렇다면 원자 현미경의 탐침은 레코드 홈처럼 큰 요철이 아닌 원자 단위의 극미세 변위를 어떻게 읽어내는 것일까? 최초의 원자 현미경인 '주사 터널링 현미경(STM, Scanning Tunneling Microscope)'은 이를 위해 양자 터널 효과를 이용했다.

'양자 터널 효과'란 자신이 지닌 운동 에너지보다 높은 에너지를 가진

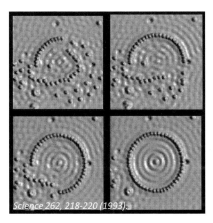

Science 262, 218-220 (1993).

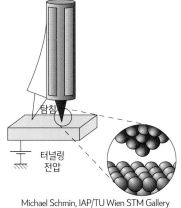

탐침

터널링
전압

Michael Schmin, IAP/TU Wien STM Gallery

주사 터널링 현미경(STM)으로 구리 표면 위에 48개의 철 원자를 하나씩 움직여 만든 양자 우리.

장벽을 뚫고 나가는 현상을 말한다. 양자 터널 효과가 일어나는 이유는 전자가 입자인 동시에 파동의 성질도 가졌기 때문이다. 파동인 전파가 벽을 통과하는 덕분에 집 안에서도 휴대전화로 통화할 수 있는 것처럼, 진공 상태인 탐침과 시료 사이에도 양자 터널 현상이 일어난다.

텅스텐 원자 몇 개로 구성된 매우 미세한 탐침을 원자 크기(10나노미터 이내) 정도로 시료에 가깝게 접근시킨 뒤 전압을 걸어주면, 전자가 시료를 벗어나 탐침으로 이동한다. 탐침을 통해 흐르는 전류가 일정한 값이 되도록 탐침의 높이를 조정하면서 전후좌우로 주사(scanning)하면, 탐침이 시료 위를 저공비행하듯이 따라가게 된다. 이때 전자 현미경은 각 지점에서 탐침이 움직인 값을 수치화해 컴퓨터 화면에서 그림으로 보여준다. 이 그림을 통해 우리는 물체의 표면 구조를 알 수 있다. 문제는 STM은 도체 시료일 때만 전자의 이동이 가능하다는 것이다.

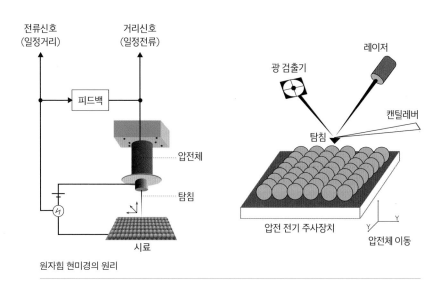

원자힘 현미경의 원리

이런 단점을 보완하기 위해 1986년에 등장한 것이 '원자힘 현미경 (AFM, Atomic Force Microscope)'이다. '원자간력 현미경'이라 불리기도 하는 원자힘 현미경은 텅스텐 탐침 대신 캔틸레버(Cantilever)라는 작은 막대를 사용한다. 두께가 1마이크로미터밖에 안 되는 캔틸레버는 아주 작은 힘에도 쉽게 휘어지도록 만들어졌으며, 끝부분에는 원자 몇 개 크기의 미세한 탐침이 붙어 있다. 이 탐침을 시료 표면에 접근시키면, 탐침 끝의 원자와 시료 표면의 원자 사이 간격에 따라 척력이나 인력이 작용하면서 캔틸레버가 아래위로 휜다.

원자힘 현미경은 다시 '접촉식'과 '비접촉식'으로 나뉜다. 접촉식은 원자 사이에 작용하는 척력을 이용한다. 접촉식의 캔틸레버는 휘어짐이 너무 작아, 레이저 광선을 비춘 뒤 그 반사된 광선의 각도를 바탕으로 시료의 형상을 측정한다. 반사된 광선의 각도를 측정하면 바늘 끝이 1나노미터 정도로 미세하게 움직여도 알아낼 수 있다.

한편 비접촉식의 경우에는 인력을 이용하는데, 캔틸레버를 진동시킨 뒤 진동수의 변화를 측정하는 방법을 사용한다. 비접촉식은 시료와 접촉하지 않기 때문에 시료가 손상되거나 오염되는 일이 적다.

원자를 움직이는 현미경

고대 그리스 철학자 데모크리토스(Democritos)는 모든 물질은 '아토모스 (atomus)'로 되어 있다고 생각했다. 아토모스란 '더 이상 나눌 수 없다'는 뜻의 그리스어다. 그 뒤 돌턴(John Dalton)이 원자설을 제시하고, J. J. 톰슨

미시 세계의 안내자 현미경(2)

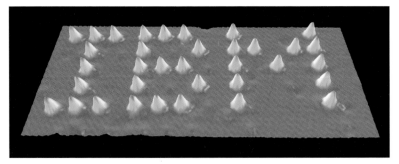

IBM

이 전자, 러더퍼드(Ernest Rutherford)가 원자핵을 발견했지만, 과학자들은 단지 원자의 모습을 원자 모형으로 추정하는 데에 만족해야 했다. 빛의 파장보다 훨씬 작은 원자를 직접 볼 수 있다고 생각하기는 어려웠다.

이렇게 불가능하게 여겼던 일을 가능하게 만든 것이 원자 현미경이다. 원자를 직접 볼 수 있다는 사실도 놀라웠지만 그보다 더 사람들의 관심을 끌었던 것은 원자 현미경이 원자를 하나씩 움직일 수 있다는 점이었다.

1990년 미국의 IBM 연구원들은 원자를 이용해 'IBM'이라는 글자를 썼다. 이 글자는 니켈 표면에 크세논 원자를 하나씩 움직여 만든 세상에서 제일 작은 글자였다. 그로부터 3년 뒤, 그들은 4K로 냉각된 구리 결정 표면에 48개의 철 원자를 움직여 양자 우리(Quantum Corral)를 만들었다. 반지름이 7.13나노미터밖에 안 되기 때문에 원자 현미경이 아니면 볼 수 없을 정도로 작다. 철 원자로 된 양자 우리에 갇힌 전자들은 동심원상의 정상파를 만들어낸다.

특히 이 사진은 슈뢰딩거(Erwin Schrödinger)의 파동 함수를 보여주는 것으로도 유명하다. 1925년 슈뢰딩거는 드브로이의 물질파 이론에 영향을 받아 전자를 파동적으로 기술하는 파동 방정식을 생각해냈다. 파

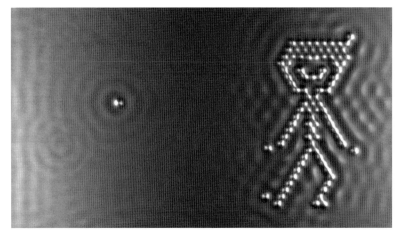

기네스북에 오른 세상에서 가장 작은 영화 〈소년과 원자〉.

동 방정식을 이용하면 전자가 어떤 지점에 있을 확률을 구할 수 있다. 파동 방정식은 양자역학의 기본을 이루는 것이지만 이를 직접 눈으로 보기는 어려웠다. 하지만 양자 우리 사진에는 전자가 만들어내는 정상파가 선명하게 나타난다. 이젠 양자역학이 지배하는 미시 세계도 눈으로 직접 관찰할 수 있게 된 것이다.

2013년 마침내 IBM은 원자 제어 기술의 정수를 선보였다. 원자를 인위적으로 움직여 세상에서 가장 작은 영화인 〈소년과 원자(A Boy and His Atom)〉라는 스톱모션 애니메이션●을 찍은 것이다. 영화라 불리는 것이 민망할 정도로 내용이나 표현은 단순하지만, 이 애니메이션은 메모리 분야에 혁신을 가져올 원자 메모리의 가능성을 보여준다는 점에서 의미가 크다. CD와 같이 빛을 이용하는 광기억 장치의 경우에는 빛의 파장에 종속될 수밖에 없다. 하드디스크는 1비트의 정보를 저장하는 데

● 스톱모션 애니메이션 촬영 대상의 움직임을 연속으로 촬영하는 것과 달리 한두 프레임씩 움직임에 변화를 주면서 촬영한 뒤, 이 이미지들을 연속으로 영사하여 움직임을 만들어내는 애니메이션.

10만 개의 원자가 필요하지만, 원자 메모리는 단지 1개의 원자만 있으면 된다. IBM은 기억 장치에 혁신을 가져올 원자 메모리의 가능성을 보여주기 위해 이 영화를 만들었다고 한다. 이렇듯 과학자들이 원자를 움직여 양자 우리를 만들고 영화를 찍을 수 있었던 데에는 원자 현미경의 공이 컸다. 그들은 원자 현미경의 탐침으로 원자를 끌어당긴 뒤, 원하는 위치에 가져다 놓는 방식으로 이 애니메이션을 만들었다.

돋보기에서 시작된 확대 기술은 원자를 제어하는 원자 현미경을 탄생시켰다. 이제 원자 현미경은 원자나 분자를 다루는 나노 공학에 필수적인 장비가 되었다. 1980년 원자 현미경이 발명되고 난 뒤 탄소 나노 물질인 '풀러렌(fullerene)'이 발견되면서, 나노 공학은 상상이 아닌 현실에서 가능한 기술로 성큼 다가왔다. 2018년 기초과학연구원(IBS)의 양자 나노과학연구단에서는 홀뮴(Ho) 원자 1개로 1비트의 정보를 기록하는 데 성공했다.

나노 기술의 집합체인 〈소년과 원자〉는 원자 현미경으로 원자를 움직여 나노 로봇*을 만드는 것이 더 이상 영화 속 장면이 아니라는 사실을 명확히 보여주었다.

● 나노 로봇 10^{-9}m 크기의 아주 작은 로봇으로, 군사·의료·농업·환경 분야에서 유용하게 쓰일 것으로 전망된다.

✚ 분해능

분해능이 좋은(작은) 현미경은 더 작은 거리 사이의 물체도 분리해서 볼 수 있어서 더 작은 물체를 관찰할 수 있다. 따라서 단순한 배율보다 분해능이 현미경의 성능을 좌우하는 중요 요인이다. 분해능은 빛의 파장에 반비례하므로 파장이 짧은 빛으로 관측할수록 분해능이 좋아진다. 가시광선의 경우 여러 파장의 빛이 섞여 있으므로 짧은 파장의 빛을 사용하면 좋지만 한계가 있다. 그래서 전자의 파동적 성질을 이용한 전자 현미경을 사용한다. 물질파의 파장은 $\lambda = \dfrac{h}{mv}$ 의 관계가 있으므로 전자의 속력을 높이면 파장이 짧아져서 분해능이 좋아진다.

✚ 복잡한 이름의 현미경

광학 현미경을 제외하면 2, 3세대 현미경들은 그 원리를 짐작하기 쉽지 않다. 하지만 이름을 자세히 보면 현미경의 원리를 대충 짐작할 수 있다. 전자 현미경은 방식에 따라 SEM(scanning electron microscope)과 TEM(transmission electron microscope)으로 나눈다. 전자 현미경은 전자로 주사(scanning)하거나 전자로 시료를 투과(transmission)시킨 두 방식이 있다. 원자 현미경도 STM(Scanning Tunneling Microscopy)과 AFM(Atomic Force Microscopy)으로 구분할 수 있는데, 탐침과 시료 사이의 터널과 캔틸레버(cantilever)와 시료 사이에 작용하는 힘을 측정할 수 있는지에 따라 현미경의 종류가 나뉜다.

더 읽어봅시다

일본 뉴턴 프레스의 『파동의 사이언스』
노승정의 『나노의 세계』

| 참고 문헌 |

· KBS〈과학카페〉냉장고 제작팀,『욕망하는 냉장고』, 애플북스, 2012

· 강구창,『반도체 제대로 이해하기』, 지성사, 2005

· 고문주,『화학의 역사』, 북스힐, 2005

· 곽영직,『열과 엔트로피』, 동녘, 2008

· 김도훈,『인류문화사에 비친 금속이야기 Ⅰ』, 과학과 문화, 2005

· 김동환,『금속의 세계사』, 다산에듀, 2015

· 김동환,『희토류 자원전쟁』, 미래의창, 2011

· 김영민 외,『미생물학 제6판』, 라이프사이언스, 2005

· 노승정 외,『나노의 세계』, 북스힐, 2006

· 뉴턴코리아,『원자력 발전과 방사능』, 아이뉴턴(뉴턴코리아), 2012

· 데보라 캐더버리,『강철혁명』, 생각의나무, 2011

· 데이바 소벨 외,『경도』, 생각의나무, 2002

· 데이비드 보드니스,『일렉트릭 유니버스』, 글램북스, 2014

· 데이비드 에저턴,『낡고 오래된 것들의 세계사』, 휴머니스트, 2015

· 레오나르도 마우게리,『당신이 몰랐으면 하는 석유의 진실』, 가람기획, 2008

· 로버트 카파,『그때 카파의 손은 떨리고 있었다』, 필맥, 2006

· 리차드 모리스,『시간의 화살』, 소학사, 2005

· 리처드 파인만,『파인만의 물리학 강의 Volume 3』, 승산, 2009

· 미치오 카쿠,『미래의 물리학』, 김영사, 2012

· 박영기,『과학으로 만드는 자동차』, 지성사, 2010

· 베른트 슈,『발명』, 해냄, 2004

· 벤 보버,『빛 이야기』, 웅진닷컴, 2004

· 브렌다 매독스,『로잘린드 프랭클린과 DNA』, 양문, 2006

· 사빈 멜쉬오르 보네,『거울의 역사』, 에코리브르, 2001

· 사와타리 쇼지, 『엔진은 이렇게 되어있다』, 골든벨, 2019

· 사이언티픽 아메리칸 편, 『첨단 기기들은 어떻게 작동되는가』, 서울문화사, 2001

· 샘 킨, 『사라진 스푼』, 해나무, 2011

· 세드리크 레이, 『일상 속의 물리학』, 에코리브르, 2009

· 스티븐 존슨, 『우리는 어떻게 여기까지 왔을까』, 프런티어, 2015

· 야마모토 요시타카, 『과학의 탄생』, 동아시아, 2005

· 앨런 E. 월터, 『마리 퀴리의 위대한 유산』, 미래의창, 2006

· 에릭 드렉슬러, 『창조의 엔진』, 김영사, 2011

· 에릭 살린, 『광물, 역사를 바꾸다』, 예경, 2013

· 웨이드 로랜드, 『갈릴레오의 치명적 오류』, MEDIAWILL M&B, 2003

· 윤혜경, 『드디어 빛이 보인다』, 성우, 2001

· 윤홍식 외, 『우주로의 여행』, 청범출판사, 1998

· 이덕환, 『이덕환의 과학세상: 우리가 외면했던 과학 상식』, 프로네시스, 2007

· 이인식, 『세계를 바꾼 20가지 공학기술』, 생각의나무, 2004

· 이일수, 『첨단물리의 응용』, 경북대학교 출판부, 2001

· 일본 뉴턴프레스, 『시간이란 무엇인가?』, 아이뉴턴(뉴턴코리아), 2007

· 일본 뉴턴프레스, 『전력과 미래의 에너지』, 아이뉴턴(뉴턴코리아), 2013

· 일본 뉴턴프레스, 『진공과 인플레이션우주론』, 아이뉴턴(뉴턴코리아), 2011

· 일본 뉴턴프레스, 『태양광 발전』, 아이뉴턴(뉴턴코리아), 2018

· 일본 뉴턴프레스, 『파동의 사이언스』, 아이뉴턴(뉴턴코리아), 2010

· 일본 뉴턴프레스, 『희소 금속 희토류 원소』, 아이뉴턴(뉴턴코리아), 2013

· 정완상, 『길버트가 들려주는 자석 이야기』, 자음과모음, 2010

· 제이콥 브로노우스키, 『인간 등정의 발자취』, 바다출판사, 2004

· 제임스 랙서, 『왜 석유가 문제일까?』, 반니, 2014

· 제임스 E. 매클렐란 3세, 『과학과 기술로 본 세계사 강의』, 모티브북, 2006

· 제임스 버크, 『우주가 바뀌던 날』, 지호, 2000

· 제임스 트레필, 『도시의 과학자들』, 지호, 1999

· 조나단 월드먼, 『녹』, 반니, 2016

· 좀 엠슬리, 『화학의 변명3(PVC다이옥신질소비료)』, 사이언스북스, 2000

· 질 존스, 『빛의 제국』, 양문, 2006

· 차동우, 『핵물리학』, 북스힐, 2004

· 최원석, 『영화로 새로 쓴 화학교과서』, 북스힐, 2013

· 칼 세이건, 『코스모스』, 사이언스북스, 2010

· 클라우스 마인처, 『시간이란 무엇인가?』, 들녘, 2005

· 프레드 왓슨, 『망원경으로 떠나는 4백년의 여행』, 사람과책, 2007

· 한국과학문화재단, 『교양으로 읽는 과학의 모든 것 1』, 미래M&B, 2006

· 한국철도기술연구원, 『과학기술로 달리는 철도』, 화남, 2010

· '3000억년에 딱 1초 오차' 세계에서 가장 정확한 새 원자 시계 나왔다, 동아사이언스, 2022.02.17., https://www.dongascience.com/news.php?idx=52448

· '조지아 보그틀 원자로 핵분열 시작⋯5~6월 전력 송출', Atlanta중앙일보, 2023.03. 07., https://www.atlantajoongang.com/56327/%ec%a1%b0%ec%a7%80%ec %95%84-%eb%b3%b4%ea%7%b8%ed%8b%80-%ec%9b%90%ec%9e%90%eb% a1%9c-%ed%95%b5%eb%b6%84%ec%97%b4-%ec%8b%9c%ec%9e%91- 56%ec%9b%94-%ec%a0%84%eb%a0%a5-%ec%86%a1%ec%b6%9c/

· '영국 정부, 31조 원 규모 신규 원전 건설계획 승인', 한국일보, 2022.07.20., https:// www.hankookilbo.com/News/Read/A2022072023100005042?did=NA

· '20.5℃에서 전기 저항 '0'⋯상온 초전도체 개발', YTN, 2023.0.11., https://www.ytn. co.kr/_ln/0105_202303110540196836

· [사이언스카페] 상온 초전도 이번은 진짜일까, 논문 철회됐던 연구진 또 발표', 조 선일보, 2023.03.09., https://biz.chosun.com/science-chosun/science/2023/03/09/ DJKETEKVMJDTDKDLNXRTQSPXRY/?utm_source=naver&utm_medium=original &utm_campaign=biz

· '시속 1200km '하이퍼루프' 한국도 만들 수 있다?', CBS노컷뉴스, 2016.05.01., https://www.nocutnews.co.kr/news/4593208

· '유가 하락, '에너지 풍요의 시대' 전주곡?', 이코노믹리뷰, 2015.03.31., https://www. econovill.com/news/articleView.html?idxno=240029

찾아보기

세상을 바꾼 사물의 과학 2

1판 1쇄 펴냄 2023년 9월 25일
1판 2쇄 펴냄 2024년 7월 15일

지은이 최원석

주간 김현숙 | **편집** 김주희, 이나연
디자인 이현정, 전미혜
마케팅 백국현(제작), 문윤기 | **관리** 오유나

펴낸곳 궁리출판 | **펴낸이** 이갑수

등록 1999년 3월 29일 제300 2004-162호
주소 10881 경기도 파주시 회동길 325-12
전화 031-955-9818 | **팩스** 031-955-9848
홈페이지 www.kungree.com
전자우편 kungree@kungree.com
페이스북 /kungreepress | **트위터** @kungreepress
인스타그램 /kungree_press

ISBN 978-89-5820-850-1   03400
ISBN 978-89-5820-851-8   03400(세트)

책값은 뒤표지에 있습니다.
파본은 구입하신 서점에서 바꾸어 드립니다.